Wilfried Uhring

L'optoélectronique ultrarapide

Wilfried Uhring

L'optoélectronique ultrarapide

et ses applications dans l'imagerie médicale

Presses Académiques Francophones

Impressum / Mentions légales
Bibliografische Information der Deutschen Nationalbibliothek: Die Deutsche Nationalbibliothek verzeichnet diese Publikation in der Deutschen Nationalbibliografie; detaillierte bibliografische Daten sind im Internet über http://dnb.d-nb.de abrufbar.
Alle in diesem Buch genannten Marken und Produktnamen unterliegen warenzeichen-, marken- oder patentrechtlichem Schutz bzw. sind Warenzeichen oder eingetragene Warenzeichen der jeweiligen Inhaber. Die Wiedergabe von Marken, Produktnamen, Gebrauchsnamen, Handelsnamen, Warenbezeichnungen u.s.w. in diesem Werk berechtigt auch ohne besondere Kennzeichnung nicht zu der Annahme, dass solche Namen im Sinne der Warenzeichen- und Markenschutzgesetzgebung als frei zu betrachten wären und daher von jedermann benutzt werden dürften.

Information bibliographique publiée par la Deutsche Nationalbibliothek: La Deutsche Nationalbibliothek inscrit cette publication à la Deutsche Nationalbibliografie; des données bibliographiques détaillées sont disponibles sur internet à l'adresse http://dnb.d-nb.de.
Toutes marques et noms de produits mentionnés dans ce livre demeurent sous la protection des marques, des marques déposées et des brevets, et sont des marques ou des marques déposées de leurs détenteurs respectifs. L'utilisation des marques, noms de produits, noms communs, noms commerciaux, descriptions de produits, etc, même sans qu'ils soient mentionnés de façon particulière dans ce livre ne signifie en aucune façon que ces noms peuvent être utilisés sans restriction à l'égard de la législation pour la protection des marques et des marques déposées et pourraient donc être utilisés par quiconque.

Coverbild / Photo de couverture: www.ingimage.com

Verlag / Editeur:
Presses Académiques Francophones
ist ein Imprint der / est une marque déposée de
OmniScriptum GmbH & Co. KG
Heinrich-Böcking-Str. 6-8, 66121 Saarbrücken, Deutschland / Allemagne
Email: info@presses-academiques.com

Herstellung: siehe letzte Seite /
Impression: voir la dernière page
ISBN: 978-3-8381-4890-8

Zugl. / Agréé par: Strasbourg, Université de Strasbourg, 2010

Copyright / Droit d'auteur © 2014 OmniScriptum GmbH & Co. KG
Alle Rechte vorbehalten. / Tous droits réservés. Saarbrücken 2014

Remerciements

Je voudrais tout d'abord exprimer ma profonde gratitude envers le professeur Daniel Mathiot pour m'avoir soutenu dans mes activités de recherche depuis ma nomination au poste de maître de conférences au sein de L'InESS. Je le remercie pour la confiance qu'il me porte, l'autonomie qu'il m'a laissée et pour avoir accepté d'être garant de cette habilitation à diriger des recherches.

Je remercie aussi les membres du jury les professeurs Patrick Garda, Luc Hebrard, Pierre Magnan, Michel Paindavoine et Antoine Dupret. J'apprécie beaucoup l'accueil toujours chaleureux et l'amitié qu'ils m'accordent.

Le travail présenté dans ce mémoire est le résultat d'un travail d'équipe. Je tiens donc à remercier mes collègues et amis de l'équipe d'imagerie rapide de l'InESS : Virginie Zint et Jean-Pierre Le Normand, mais également les personnes avec qui j'ai travaillé durant mes projets de recherche dont la liste serait trop longue et peut-être pas assez exhaustive pour être établie ici.

La recherche ne serait pas ce qu'elle est sans le travail des doctorants. J'ai eu la chance d'encadrer d'excellents candidats qui sont devenus de vrais amis. Un grand merci à Morgan Madec, Martin Zlatanski et Frédéric Morel.

Je tiens à remercier le professeur Christophe Lallement pour m'avoir poussé à passer cette habilitation et également pour son investissement pour le développement de l'électronique au sein de l'ENSPS.

J'apprécie aussi beaucoup la collaboration scientifique de longue date que j'entretiens avec Patrick Poulet et je le remercie chaleureusement pour cette complicité.

Mes compétences en montages optiques ont beaucoup progressées depuis ces dernières années et je le dois à l'assistance technique de Jérémy Bartringer qui a toujours su se rendre disponible pour me venir en aide et je le remercie beaucoup pour cela.

Je remercie également tous les membres du laboratoire avec lesquels j'ai des interactions et notamment Martine Brutt et Marina Urban sans lesquelles le laboratoire n'aurait jamais pu fonctionner.

Enfin, mille mercis à ma femme Sarah qui me soutient quotidiennement. Sans son aide, je n'aurais jamais pu m'épanouir comme elle me l'a permis aussi bien du côté personnel que professionnel.

Je voudrais dédier ce mémoire à mes trois filles, Juliette, Louanne et Emma. Je les remercie également pour leur compréhension et leur promets d'être un papa plus disponible.

Sommaire

1. Résumé de mes activités scientifiques 3
   - Vidéo rapide 3
     - La microscopie 4D. 3
     - Le processeur optoélectronique pour la reconstruction d'images médicales : projet « POEME » 3
   - Capteurs intégrés ultrarapides 5
     - Le projet FAMOSI (FAst MOS Imager) 5
     - Les caméras à balayage de fente intégrées matricielles 5
     - Les caméras à balayage de fente intégrées vectorielles 6
   - Imagerie ultrarapide conventionnelle (tube) 7
     - Projet NIRS 7
     - Projet SPIRIT 8
2. Liste des publications 9
   - Revues internationales (10) 9
   - Brevet (1) 9
   - Conférences internationales avec comité de lecture (reconnues par ISI Web of Knowledge) (27) 10
   - Conférences nationales invité (2) 12
   - Revue nationale (1) 13
   - Autres conférences (20) 13
   - Thèse de doctorat 15
   - Habilitation à diriger des recherches 15
   - Ouvrages 15
   - Chapitre d'Ouvrages 15
3. Introduction 19
4. La vidéo rapide 21
   - Introduction et historique 21
   - La microscopie 4D. 23
   - Le processeur optoélectronique pour la reconstruction d'image médicale : projet « POEME » 26
     - Contexte 26
     - La transformée de Radon 27
     - La reconstruction des images 28
     - Le filtrage par voie optique 29
     - Bruits des processeurs optiques de type Vander Lugt 31
     - Utilisation de SLM binaires rapides dans le traitement optique de l'information 33
     - La rétroprojection par voie optique 36

i

- L'affichage rapide ... 40
  - Caractérisation du SLM BNS ... 41
  - Amélioration de la qualité d'image générée par le SLM BNS ... 42
  - Afficheurs rapides analogiques à base de FLC ... 43
- Conclusion sur la vidéo et l'affichage rapide ... 45
5. Capteurs intégrés ultrarapides ... 47
- Introduction ... 47
- Les caméras vidéo intégrées ultrarapides ... 47
  - Historique et principe de fonctionnement ... 47
  - Les limites et améliorations ... 48
  - L'alternative : la technologie CMOS ... 49
- Le mode « balayage de fente » ... 50
- Les caméras à balayage de fente intégrées ... 51
  - Contexte ... 51
  - L'alternative : la technologie CMOS ... 52
  - Le projet FAMOSI (FAst MOS Imager) ... 53
  - Les caméras à balayage de fente intégrées matricielles (CBFIM) ... 53
  - Les caméras à balayage de fente intégrées vectorielles (CBFIV) ... 57
  - Sensibilité des CBFI ... 61
  - Résolution temporelle des CBFI ... 62
  - L'unité de balayage ... 63
- Conclusion sur les capteurs intégrés ultrarapides ... 65
6. Imagerie ultrarapide conventionnelle (tube) ... 67
- Introduction ... 67
- La tomographie optique ... 67
  - Principe de la tomographie optique diffuse résolue en temps ... 67
- Les caméras à balayage de fente (projet TOPA) ... 69
  - Principe de fonctionnement d'une CBF conventionnelle ... 69
  - Résolution temporelle des CBF conventionnelles ... 70
  - Application des CBF à l'imagerie médicale par tomographie optique ... 71
- Les PM et les photodiodes à avalanches en mode Geiger (NIRS) ... 72
  - Application des PMs à l'imagerie médicale par tomographie optique ... 73
- Projet NIRS ... 74
- Les intensificateurs d'image (SPIRIT) ... 75
  - Projet SPIRIT ... 75
- L'émission picoseconde par diode laser ... 79
- Conclusion sur l'imagerie ultrarapide conventionnelle en TODF ... 81
7. Prospectives ... 83

Les alternatives aux CBF conventionnelles ont-elles un intérêt ?....................83
  Les caméras à déflexion optique..83
  Les CBF intégrées..84
L'avenir des CBF intégrées à court terme. 85
  Bande passante des photodiodes (en technologie CMOS standard)........85
  Bande passante de l'électronique 87
  CBF matricielle..88
  CBF vectorielle...88
  Bande passante amplificateur à transimpédance (TIA) 89
  Les égaliseurs 91
  Applications à court terme..92
L'avenir des CBF intégrées à moyen terme...93
  L'assemblage 3D 93
  Les CBFI à long terme...95
L'application des CBFI à l'imagerie biomédicale sur le court terme 96
  Les photodiodes en mode Geiger 96
  Les SPAD en technologie CMOS standard 97
  Systèmes de comptage de photon intégrés 99
L'application des CBFI à l'imagerie biomédicale sur le long terme...........103
  Amélioration de la sensibilité 103
  Intégration dans un système compact...104
  Conclusion de mes prospectives sur les CBFI.......................................105
Prospectives sur l'Imagerie ultrarapide conventionnelle 105
8. Références (289)..107

Préambule

Ce mémoire est une photographie établie en fin 2010 des activités de recherche scientifiques menées par le Pr Wilfried Uhring de l'université de Strasbourg. Il a été rédigé dans le perspective d'obtenir le diplôme d'habilitation à diriger des recherches qui donne le droit, en France, de diriger une thèse de doctorat.

Cette habilitation à diriger les recherche a été soutenue publiquement le 1/12/2010 devant le jury composé de :

PATRICK GARDA	Professeur LIP6 Université PMC	Rapporteur
MICHEL PAINDAVOINE	Professeur LE2I Université de Bourgogne	Rapporteur
PIERRE MAGNAN	Professeur ISAE Toulouse	Examinateur
ANTOINE DUPRET	Docteur HDR, CEA LETI	Examinateur
DANIEL MATHIOT	Professeur InESS, Université de Strabourg	Garant
LUC HEBRARD	Professeur InESS, Université de Strasbourg	Président

La 1ère partie résume cette activité menée sur une période de plus de 10 ans. La 2ème partie est plus générale. Tout en exposant ces activités de recherche de manière plus détaillée, un certain recul est pris afin d'apporter une contribution au domaine de l'optoélectronique utlrarapide et ses applications dans l'imagerie médicale. Cette dernière partie se termine sur une prospectives des activités scientifiques qui peuvent être menées dans ce domaine à court, moyen et long terme.

1ère partie

Résumé des activités de recherche et publications associées

1. Résumé de mes activités scientifiques

Ma thématique de recherche est l'imagerie rapide et ultrarapide en général et plus particulièrement ses applications dans l'imagerie biomédicale. Elle se décline selon trois axes : la vidéo rapide, les capteurs intégrés ultrarapides et l'imagerie ultrarapide conventionnelle. Ces axes se distinguent selon l'ordre de grandeur des vitesses d'acquisition des événements optiques observés, qui est de 1 Giga échantillons par seconde pour la vidéo rapide, 1 Téra échantillons par seconde pour les capteurs intégrés ultrarapides et 1 Péta échantillons par seconde pour l'imagerie ultrarapide conventionnelle.

Vidéo rapide

La vidéo rapide consiste à prendre une série d'images de résolution proche du mégapixel à un taux de répétition proche de 1000 images/secondes ou toute autre combinaison équivalente maintenant le débit total au alentour de 1 Giga-pixel/s.

La vidéo rapide a connu une évolution majeure avec l'avènement des capteurs CMOS au cours de ces 10 dernières années. En effet, alors qu'il ne fallait pas loin de 3 ans de développement afin de concevoir une caméra vidéo rapide à base de capteur CCD au début des années 2000, il ne faut dorénavant plus que 6 mois pour mettre en œuvre un capteur de vidéo rapide CMOS. Le prix de revient ayant par conséquent drastiquement baissé, les ventes ont littéralement explosé. Le domaine de la vidéo rapide est désormais piloté par l'industrie microélectronique et par des constructeurs tels que : Photron, Redlake, Vision Research, Aptina Imaging (anc. Micron), Drs Hadland, Dalsa, Cypress,…. C'est pourquoi l'équipe d'imagerie rapide du laboratoire ne fait plus de recherche sur la conception de caméra vidéo rapide, mais plutôt sur leur mise en œuvre dans des systèmes complexes. Deux applications principales ont fait l'objet de recherches et de réalisations.

La microscopie 4D.

Ce projet consiste à la métrologie de surfaces microscopiques en temps réel par interférométrie microscopique en lumière blanche. [CN5] [CN7] [CI9]. Une caméra rapide observe les franges d'interférence à la surface d'un objet déplacé en hauteur à l'aide d'une platine piézoélectrique. L'algorithme PFSM (« Peak Fringe Scanning Microscopy ») permet de définir simplement et rapidement l'altitude d'un point de l'objet en détectant son maximum de luminosité. Un traitement numérique embarqué sur FPGA calcule alors directement l'image 3D de l'objet à l'aide de 50 images vidéo environ. Le système, principalement développé par P. Montgomery, permet d'obtenir des images 3D avec un taux de répétition de quelques images/seconde selon la profondeur de l'objet à analyser et cela avec une large dynamique spatiale (512×512 points).

Le processeur optoélectronique pour la reconstruction d'images médicales : projet « POEME »
Collaboration InESS, Ircad, LSP, MicroModule SAS

Ce projet consiste à l'accélération du traitement de calcul des données tomodensitométriques délivrées par les scanners à rayon X avec pour objectif de pouvoir reconstruire en temps réel l'image 3D du patient pour l'intervention sous scanner qui a considérablement augmenté ces dernières années. Les scanners délivrent leurs données brutes, les sinogrammes, à une vitesse de plus en plus élevée (quelques secondes seulement), et les résolutions augmentent. Or, la reconstruction des tranches à partir des sinogrammes utilise la transformée de Radon inverse qui est un algorithme difficilement parallélisable par nature. Deux algorithmes de reconstruction ont fait l'objet d'études d'implantation optique, l'une faisant appel à un corrélateur optique « classique » de type Vander Lugt [CN9] [CN10] et l'autre faisant appel à un dispositif de rétroprojection filtrée [RI5]. Un prototype hybride, optique/numérique, d'un système complet de reconstruction des données brutes issues des scanners a été développé [RI7]. Cette dernière version a fait l'objet d'un dépôt de brevet [B1]. Le potentiel de gain de calcul peut atteindre, selon la résolution de l'image, deux ordres de grandeur par rapport aux solutions purement numériques tout en maintenant une qualité d'image très correcte.

Ce travail réalisé dans le cadre de la thèse de Morgan Madec a également mis en évidence une carence en afficheurs rapides disponibles sur le marché. En effet, les modulateurs spatiaux de lumière (SLM) utilisent des cristaux liquides (généralement « nématiques ») afin de créer des niveaux de gris. Or la dynamique électromécanique de ces cristaux est trop lente pour permettre d'afficher plus de 100 images/seconde. Les afficheurs binaires sont eux beaucoup plus rapides et utilisent soit une matrice de micromiroirs, soit des cristaux liquides ferroélectriques (FLC). En imagerie classique, ces afficheurs permettent d'obtenir des images de très bonne qualité comme on peut le voir sur les vidéoprojecteurs du commerce. Nous avons étudié la possibilité d'utiliser ces afficheurs binaires afin de réaliser un processeur optique [RI4] [CI14] [CN8]. Il relève de cette étude que ces SLM binaires ne peuvent pas être utilisés dans le plan de Fourier d'un processeur optique de traitement d'image médicale, car l'intégration quadratique au niveau de la caméra dégrade la qualité d'image de manière trop importante pour cette application. Dans le plan image, l'utilisation est possible dans la mesure où les filtres utilisés sont à réponse impulsionnelle positive. Ces dispositifs peuvent convenir seulement sur des applications ou la vitesse de reconstruction prime sur la qualité de l'image.

L'utilisation de SLM à plusieurs niveaux de gris reste donc incontournable dans le cadre de processeurs optiques. Or, encore à ce jour, il n'existe qu'une seule solution commerciale annonçant une résolution spatiale de 512×512 pixels pour une résolution radiométrique de 8 bits. Une collaboration avec le laboratoire MIPS de l'université de haute Alsace nous a permis d'accéder à ce dispositif. La caractérisation de ce dispositif à l'aide d'une caméra vidéo rapide a mis en évidence de nombreux défauts de réponse des pixels, de dérive de synchronisation et de rémanence. Le constructeur propose une correction à l'aide d'une LUT globale, mais ce système est très limité. Nous avons donc proposé une méthode générale de caractérisation et d'amélioration de l'affichage des SLM à partir d'une LUT spatiale fonctionnant par zone déterminée par des classes de pixels présentant des comportements identiques [CI16]. Une architecture matérielle à faible coût permettant de réaliser la correction à la volée (200 Mpixel/s) à haute vitesse est proposée. Cette méthode permet de réaliser un gain d'environ 2 sur l'uniformité de l'image, améliore très sensiblement la linéarité et diminue très fortement la rémanence [RI8].

L'afficheur commercial testé emploie des cristaux liquides ferroélectriques (FLC) qui présentent normalement uniquement deux positions de repos. Cet afficheur affiche plusieurs niveaux de gris en utilisant un défaut des grains de cristaux. En effet, il existe des micro-domaines dans lesquels les forces d'accrochage des cristaux varient. Par conséquent, les cristaux ne pivotent pas tous exactement à la même tension et cette distribution statistique gaussienne permet de moduler la proportion de lumière qui subit une rotation de polarisation. Cependant, la qualité de cette reconstruction provient de la qualité du défaut et de sa distribution statistique. Nous avons étudié le comportement dynamique des FLC et écrit un modèle en VHDL-AMS qui fait intervenir environ 30 paramètres physiques [CI12]. Ce modèle nous a servi de prototype virtuel [CI13] et nous a permis de définir une modulation originale du signal de pilotage des cellules ferroélectriques afin d'obtenir également des positions intermédiaires et donc des niveaux de gris [RI6]. Cette méthode est entièrement basée sur la réponse dynamique des cristaux, et non plus sur des défauts de granularité. L'instabilité des FLC ne permet de maintenir leur position que sur une durée de quelques centaines de microsecondes avec cette méthode. Cependant, cet inconvénient n'est pas très limitant dans le cas des afficheurs rapides.

Pour résumer, le projet POEME consiste à utiliser la vidéo rapide afin d'accélérer un traitement numérique de données fournies par l'électronique alors que dans la microscopie 4D, c'est l'électronique qui doit exécuter le traitement numérique des données délivrées par la caméra vidéo rapide.

Capteurs intégrés ultrarapides
Les capteurs optiques intégrés permettent de capturer la lumière à une très haute vitesse d'échantillonnage, typiquement de l'ordre du GS/s, sur quelques centaines de voies à la fois, ou toute autre combinaison maintenant le débit total aux alentours de 1 Téra-échantillons/s. Avec de tels débits, équivalents à celui d'une centaine de modules de télécommunication dernier cri à 100 Gb/s, il est actuellement impossible de sortir les informations à la volée. Ces capteurs stockent donc l'information « on chip » et la lecture des échantillons à vitesse réduite est effectuée en différé.

Le projet FAMOSI (FAst MOS Imager)
Mon sujet de thèse consistait en la réalisation et la caractérisation d'une caméra à balayage de fente (CBF). Cet instrument génère une image qui représente l'illumination d'une fente (idéalement une seule colonne) à différents instants (selon les lignes). On obtient donc une image à deux dimensions dont un axe représente le temps, et l'autre l'espace. Le projet FAMOSI, débuté en 1999 par le PHASE en collaboration avec le LEPSI, consiste à réaliser la fonction d'une CBF sur un seul circuit intégré optoélectronique. Durant ma thèse, j'ai donc suivi avec un vif intérêt ces travaux initiaux. Le 1er circuit réalisé en technologie CMOS AMS 0,6 µm affiche une période d'échantillonnage de 800 ps sur une matrice de 64 par 64 pixels.

Ces travaux ont démontré l'intérêt de cette nouvelle approche de réalisation d'une CBF qui dispose d'un très fort potentiel d'évolution. J'ai donc tout naturellement rejoint Jean-Pierre Le Normand pour co-encadrer la thèse de Frédéric Morel sur la poursuite de ces travaux. Ce projet très pluridisciplinaire qui requière des compétences en optique, physique du solide, électronique haute fréquence et en microélectronique, a pu prendre l'ampleur qu'il mérite grâce à la fusion des laboratoires PHASE et LEPSI en janvier 2005.

Les caméras à balayage de fente intégrées matricielles
Les caméras à balayage de fente intégrées matricielles intègrent la lumière distribuée selon l'axe spatial (par exemple les lignes) à différents moments successifs selon l'axe temporel (par exemple les colonnes). Pour que l'image obtenue soit pertinente, il est nécessaire de répartir l'éclairement de l'axe spatial uniformément selon l'axe temporel à l'aide d'une lentille cylindrique par exemple. Le décalage des instants d'intégration dans le capteur permet de réaliser un balayage électronique et de construire une image analogue à celle délivrée par une CBF.

Le premier capteur FAMOSI basé sur ce système souffre de deux inconvénients majeurs : le manque de dynamique et le manque de sensibilité. Pour pallier au premier problème, nous avons proposé une nouvelle architecture de pixel à 6 transistors et de pilotage de la matrice qui permet de n'intégrer la lumière que durant un laps de temps très court, de l'ordre de quelques ns [CI8]. Le système réalisé en technologie 0,35 µm affiche une résolution temporelle meilleure que 4 ns [CI11]. Le manque de sensibilité peut être partiellement compensé en accumulant plusieurs événements répétitifs afin d'augmenter le rapport signal/bruit. En effet, le speckle et le bruit de lecture sont alors moyennés et les

5

bruits statiques FPN et le PRNU peuvent êtres compensés numériquement [CI4]. Cependant, cette méthode limite le taux de répétition à la durée de lecture de la matrice, c'est-à-dire quelques dizaines ou au mieux quelques centaines de Hz. Nous avons donc ajouté une fonction de transfert de charge au sein même du pixel [CI7] [RI3] qui permet d'accumuler plusieurs impulsions lumineuses récurrentes à une fréquence de répétition d'environ 100 MHz. Il est ainsi possible d'accumuler environ 100 impulsions successives de faible intensité à pleine vitesse améliorant ainsi le rapport signal à bruit d'un facteur 10.

Cette nouvelle architecture a démontré que les CBF intégrés peuvent afficher des résolutions temporelles proches de la nanoseconde [CI15] et qu'elles présentent une alternative intéressante aux CBF conventionnelles qui sont très chères, encombrantes, fragiles, difficiles à réaliser et à mettre en œuvre. J'ai été invité par le Pr. Michel Paindavoine à présenter ces travaux à une conférence nationale sur l'état de l'art des capteurs CCD et CMOS [CN6].

La troisième génération de CBF intégrées matricielles a été réalisée en 2009. Elle offre une base de temps totalement paramétrable à l'aide d'un taux d'échantillonnage ajustable de 150 ps à plusieurs ms. La vitesse maximale d'échantillonnage à près de 8 Géchantillons/s par voie permet d'explorer les limites temporelles de la technologie et notamment les courants de substrat qui ralentissent les réponses dynamiques des photodiodes. En effet, une structure de photodiodes entrelacées a également été intégrée afin d'obtenir le meilleur de la technologie utilisée. Les tests préliminaires de ce nouveau système semblent confirmer que des résolutions sub-nanosecondes sont atteignables. La publication des résultats est prévue pour le début 2011.

Les caméras à balayage de fente intégrées vectorielles

Une architecture totalement différente a également fait l'objet du sujet de thèse de Martin Zlatanski démarrée en septembre 2007 [RI11]. Elle consiste à utiliser un vecteur linéaire de photodétecteurs, une électronique de conditionnement et une matrice de stockage analogique. Cette architecture augmente intrinsèquement la sensibilité d'un facteur potentiel de 100 à 1000 [CI19]. En contrepartie, l'électronique de mise en œuvre est beaucoup plus complexe et la consommation passe à quelques Watts. Afin de ne pas dégrader la qualité d'image ni les performances dynamiques, il est alors nécessaire d'employer des alimentations pulsées ou de mettre en œuvre des systèmes de refroidissement spécifiques aux imageurs.

Une caractéristique primordiale des CBF est la linéarité de l'axe temporel. En effet, lors de la métrologie de signaux optiques rapides, il est impératif de garantir la stabilité et la précision de cet axe à 5% près. Nous avons conçu une architecture de générateur de retard pouvant être intégrée dans l'imageur. Elle repose sur une ligne à retard numérique ajustable couplée à une boucle à verrouillage de délais. Une horloge externe permet alors de régler continument et précisément le pas d'échantillonnage de 130 ps à 1 ns environ. Les résultats obtenus ont démontré que cette structure permet d'obtenir une précision meilleure que 0,8%, une stabilité en température de 1% sur une plage de 50°C et une non-linéarité inférieure à 0,5% ce qui dépasse de loin les performances obtenues par les CBF conventionnelles [RI10].

Ce circuit intégrait un système permettant de se caractériser lui-même, ainsi que la possibilité de réaliser un échantillonnage ultrarapide en technologie CMOS. Ainsi, l'échantillonnage d'un signal haute fréquence provenant de l'extérieur à plus de 8 Géchantillons/s a été démontré [CI17]. Par ailleurs, la précision obtenue sur les délais et l'échantillonnage analogique des signaux internes permet d'envisager cette architecture innovante comme un nouveau concept de convertisseur temps→numérique. Une demande de valorisation pour un dépôt de brevet sur cette approche mixte numérique/analogique est en cours de rédaction.

Un prototype d'imageur a été réalisé en technologie BiCMOS 0,35 µm. Le circuit intègre un amplificateur transimpédance mettant en œuvre des transistors bipolaires SiGe avec lesquels nous avons obtenu une bande passante supérieure au GHz pour un gain de 1200 V/A. Le taux d'échantillonnage peut être ajusté de 130 ps à 1 ns et la matrice de stockage présente une profondeur de mémoire de 128 échantillons [CI21]. Cette réalisation est la première caméra à balayage de fente intégrée affichant une résolution temporelle meilleure que 1 ns [CI22]. La deuxième génération porte le gain à 10000 V/A pour une bande passante de 1,3 GHz tout en maintenant la consommation au même niveau que la première génération. J'ai été invité par le Pr. Michel Paindavoine à présenter l'état d'avancement de nos travaux au colloque GRETSI sur les capteurs intelligents [CN13].

Une autre architecture vectorielle fonctionnant en intégration a également été envoyée en fonderie au mois de juin 2010. Cette structure présente intrinsèquement un meilleur gain en basse fréquence, car elle bénéficie de l'effet d'intégration qui amplifie les basses fréquences et atténue les hautes. Cependant, un système original de mise à zéro asynchrone des photodiodes permet à cette structure d'obtenir potentiellement des résolutions temporelles meilleures que la nanoseconde [RI10]. Le signal en sortie du capteur requiert toutefois l'application d'un algorithme de reconstruction afin d'obtenir l'évolution temporelle du signal lumineux [CI23].

Imagerie ultrarapide conventionnelle (tube)

L'imagerie ultrarapide est conventionnellement réalisée à l'aide de tube à vide comme les tubes imageurs à balayage, ou encore les intensificateurs d'image. Elle permet de capturer la lumière à un taux d'échantillonnage ultrarapide, typiquement de l'ordre de la picoseconde sur près d'un millier de voies ou bien quelques centaines de picosecondes sur plus de 100000 pixels, portant le débit total aux alentours de 1 Péta-échantillons/s. L'information obtenue est stockée temporairement sur un écran de phosphore. Une caméra vidéo numérise alors cette information à vitesse réduite.

Ma principale activité de recherche sur l'imagerie ultrarapide conventionnelle est orientée vers l'imagerie médicale par tomographie optique diffuse dans le proche infrarouge [CN14]. Ces recherches sont effectuées en collaboration avec Patrick Poulet du LINC (anciennement IPB) depuis 2002. Cette thématique pose des contraintes extrêmes sur les détecteurs et nous oblige à les modifier afin qu'ils puissent être suffisamment performants pour fonctionner dans cette application. En effet, le nombre de photons à mesurer est généralement faible, typiquement moins de 1 photon par impulsion lumineuse incidente. Il est alors nécessaire de fonctionner en mode photon unique et d'accumuler un grand nombre d'événements récurrents. Le temps d'exposition peut dépasser quelques minutes lorsque le nombre de photons est très faible. Les CBF conventionnelles sont très sensibles aux perturbations, il est alors indispensable de stabiliser l'instrument afin de garantir une bonne qualité d'image. J'ai développé un système de correction par traitement d'image et marqueur laser qui permet d'annuler complètement les dérives du CBF synchroscan. Ce système permet de maintenir la résolution de la CBF à mieux de 2 ps avec une durée d'intégration de plus de 30 min [CI6]. Par ailleurs, des études sur la conception générale électro-optique et électronique des CBF ont été menées afin de faciliter le déploiement des techniques de stabilisation [CI10].

Projet NIRS
Collaboration InESS, LINC

La tomographie optique diffuse ayant fait ses preuves en recherche dans l'imagerie fonctionnelle, les phases d'essais précliniques sont désormais envisagées. Nous avons pour cela conçu un système robuste, à coût de revient raisonnable et facilement transportable afin de pouvoir réaliser de l'imagerie fonctionnelle sur le cerveau du nouveau-né en pédiatrie avec Luc Marlier du LINC [RI11],[CI20] dans le cadre du projet NIRS (Near Infra-Red Spectroscopy). Ce système repose principalement sur une photodiode en mode Geiger, une carte de comptage de photon et une source de lumière à diode laser pulsée en mode picoseconde [CI18]. L'électronique de pilotage que j'ai conçue pour ce système permet d'atteindre des fréquences de fonctionnement supérieures à 100 MHz. Le module d'émission d'impulsion lumineuse que j'ai conçu utilise un phénomène physique particulier des diodes lasers afin d'obtenir des impulsions d'une durée inférieure à 100 ps pour une énergie par impulsion de quelques dizaines de picojoules [CI5].

Projet SPIRIT
Collaboration InESS, LINC, Photonis, Telmat, montena EMC

Le projet NIRS utilise des fibres optiques afin d'injecter et de recueillir la lumière sur la peau du patient. Cela entraine des contraintes pendant la mesure en obligeant le patient à rester immobile, ce qui est délicat chez les nouveau-nés. C'est pourquoi, un projet encore plus ambitieux a débuté en septembre 2008, le projet SPIRIT (Spectroscopie proche infra rouge par imagerie temporelle) pour lequel j'encadre le post doctorat de Benoît Dubois pour 24 mois. Cette nouvelle approche consiste à éclairer la zone d'intérêt uniformément et de la filmer avec une caméra intensifiée. Or le très faible nombre de photons disponibles ainsi que la résolution temporelle que requiert cette application nécessitent une caméra intensifiée capable de produire un temps d'obturation de quelques centaines de picosecondes avec un taux de répétition de l'ordre de 100 MHz. Le but du projet est de créer la chaine instrumentale complète comprenant, entre autres, un séquenceur rapide pouvant contrôler tout le système, des sources lumineuses picosecondes à diode laser, un intensificateur d'image à galette de micro-canaux couplé à l'électronique ultrarapide et à haute tension qui permet de créer l'obturation de sa photocathode, ainsi qu'une caméra de lecture à haute dynamique [CN15]. L'InESS est un partenaire essentiel du projet et intervient dans toutes les phases et éléments clés [RN1]. En effet, nous avons en charge la conception du séquenceur rapide, des sources lumineuses pulsées à haute cadence, de l'optique et de la caméra de lecture. De plus, les partenaires ont fait appel à mes compétences en physique et en électronique impulsionnelle ultrarapide à plusieurs reprises pour résoudre leurs problèmes. En effet, nous avons travaillé en étroite collaboration avec la société suisse montena EMC afin de concevoir l'électronique de pilotage de l'intensificateur. Fort de cette expérience, j'ai défini un nouveau design de tube intensificateur adapté à l'excitation d'impulsions électriques ultrarapides en collaboration avec la société Photonis.

Ce projet a un fort potentiel de valorisation sur les différentes briques technologique en cours de développement, les publications prévues sont donc pour l'instant bloquées afin de ne pas empêcher les dépôts de brevets.

2. Liste des publications

Revues internationales (10)

[RI10] M. Zlatanski, W. Uhring, J-P. Le Normand, D. Mathiot. **A Fully Characterizable Asynchronous Multiphase Delay Generator,** IEEE Trans. Nucl. Sci., 58, 2011, pp. 418-425. Lien (8 pages)

[RI9] M. Zlatanski, W. Uhring, J-P. Le Normand, V. Zint, D. Mathiot. **Streak camera in standard (Bi)CMOS (bipolar complementary metal-oxide-semiconductor) technology,** Meas. Sci. Technol. 21, 2010, 115203_1-12. Lien (12 pages)

[RI8] M. Madec, W. Uhring, E. Hueber, J.B. Fasquel, J. Bartringer, Y. Hervé. **Methods for improvement of spatial light modulator image rendering,** Opt. Eng. 48, 2009, 034002_1-13. Lien (13 pages)

[RI7] M. Madec, J.B. Fasquel, W. Uhring, P. Joffre, Y. Hervé. **Optoelectronic implementation of helical cone-beam computed tomography algorithms,** Opt. Eng. 47, 2008, 058201_1-15. Lien (15 pages)

[RI6] M. Madec, W. Uhring, Y. Hervé. **Analogue-driven bistable ferroelectric liquid crystals,** Analog Integr. Circuits Signal Process. 57, 2008, pp. 187-196, 7ème Colloque sur le Traitement Analogique de l'Information, du Signal et ses Applications (TAISA'2006), Strasbourg (France), October 19-20, 2006. Lien (9 pages)

[RI5] M. Madec, J.B. Fasquel, W. Uhring, P. Joffre, Y. Hervé. **Optical implementation of the filtered backprojection algorithm,** Opt. Eng. 46, 2007, 108202_1-16. Lien (16 pages)

[RI4] M. Madec, W. Uhring, J.B. Fasquel, P. Joffre, Y. Hervé. **Compatibility of temporal multiplexed spatial light modulator with optical image processing,** Opt. Commun. 275, 2007, 27-37. Lien (10 pages)

[RI3] F. Morel, J.P. Le Normand, C.V. Zint, W. Uhring, Y. Hu, D. Mathiot. **A new spatiotemporal CMOS imager with analog accumulation capability for nanosecond low-power pulse detections,** IEEE Sens. J. 6, 2006, pp. 1200-1208. Lien (8 pages)

[RI2] W. Uhring, C.V. Zint, P. Summ, B. Cunin. **Very high long-term stability synchroscan streak camera,** Rev. Sci. Instrum. 74, 2003, pp. 2646-2653. Lien (7 pages)

[RI1] C.V. Zint, W. Uhring, M. Torregrossa, B. Cunin, P. Poulet. **Streak camera: A multidetector for diffuse optical tomography,** Appl. Opt. 42, 2003, pp. 3313-3320. Lien (7 pages)

Brevet (1)

[B2] J. Léonard, W. Uhring, S. Maillot, N. Dumas, and S. Haacke, **Dispositif et Procédé de mesure de fluorescence résolue en temps pour le criblage à haut débit,** #1359860 2013: France.

[B1] M. Madec, J.B. Fasquel, W. Uhring, **Processeur optoélectronique de reconstruction de données tomographiques,** Brevet français N° FR2906375 du 28 mars 2008 déposé le 22 septembre 2006 par Micro Module, CNRS-InESS, IRCAD et ULP. Lien

Conférences internationales avec comité de lecture (reconnues par ISI Web of Knowledge) (27)

[CI33] R. Bonnard, R., F.Guellec, J. Segura, A. Dupret, W. Uhring, **New 3D-integrated burst image sensor architectures with in-situ A/D conversion**, Design and Architectures for Signal and Image Processing (DASIP) (39% of accepted paper for oral presentation), pp. 215-222, 2013

[CI32] I. Malass, W. Uhring, J.-P. Le Normand, N. Dumas, V. Zint, F. Dadouche, **SiPM based smart pixel for photon counting integrated streak camera**, Design and Architectures for Signal and Image Processing (DASIP) (39% of accepted paper for oral presentation), pp. 135-140, 2013

[CI31] P. Poulet, W. Uhring, W. Hanselmann, R. Glazenborg, F. Nouizi, V. Zint and W. Hirschi, **A time-gated near-infrared spectroscopic imaging device for human brain activation**, *SPIE BiOS*, San Fransisco 2 February 2013

[CI30] W. Uhring, P. Poulet, W. Hansemann, R. Glazenborg, V. Zint, B. Dubois, W. Hirschi, **200 ps FWHM and 100 MHz Repetition Rate Ultrafast Gated Camera for Optical Medical Functional Imaging**, *SPIE Photonics Europe*, Vol. 8439, pp. 84392L, DOI: 10.1117/12.922123

[CI29] W. Uhring, N. Dumas, V. Zint, J-P. Le Normand, I. Malasse, J. Scholz, F. Dadouche, **A 64 Single Photon Avalanche Diode array in 0.18 µm CMOS Standard Technology with Versatile Quenching Circuit for quick prototyping**, *SPIE Photonics Europe*, 16-19 April 2012 in Brussels, Belgium, 8439-50

[CI28] M .Zlatanski, W. Uhring. **Streak-mode Optical Sensor in Standard BiCMOS Technology**, IEEE SENSOR,28-21 October, Limerick, Ireland, 2011, pp. 1604-1607 (4 pages)

[CI27] J-P. Le Normand, V. Zint, W. Uhring. **High Repetition Rate Integrated Streak Camera in Standard CMOS Technology,** Sensorcomm 2011, August 21-27, 2011 – Nice/St Laurent du Var, pp. 322-327, ISBN: 978-1-61208-144-1. Lien (6 pages)

[CI26] F. Nouizi, G. Dial-Ayil, F.X. Ble, B. Dubois, W. Uhring, P. Poulet. **Time gated near infrared spectroscopic imaging of brain activation: a simulation proof of concept**, BIOS SPIE Photonics West, 22 - 27 January 2011, Proc. 7896, paper 78960L. lien

[CI25] W. Uhring, M. Zlatanski, J-P. Le Normand, C.V. Zint, D. Mathiot. **700 ps Temporal Resolution Integrated Streak Camera**, IEEE Sensor conference 2010 (1 page)

[CI24] M. Zlatanski, W. Uhring, J-P. Le Normand, C.V. Zint, D. Mathiot. **Integrated Streak Camera with Asynchronous Reset Front-End**, IEEE Sensor conference 2010 (1 page)

[CI23] M. Zlatanski, W. Uhring, C.V. Zint, J-P. Le Normand, D. Mathiot. **Architectures and Signal Reconstruction Methods for Nanosecond Resolution Integrated Streak Camera in Standard CMOS Technology**, DASIP Conference on Design & Architectures for Signal and Image Processing, pp. 295 - 302 , 2010, Edinburgh, Scotland, (8 pages) « **awarded as the third best paper**»

[CI22] M. Zlatanski, W. Uhring, J-P. Le Normand, C.V. Zint, D. Mathiot. **Integrated Circuit Architectures for High-speed Time-resolved Imaging,**

SENSORCOMM 2010, pp. 84-89, July 18-25, 2010 - Venice/Mestre, Italy (5 pages) sélectionnée **« awarded as one of the top papers »**, lien

[CI21] M. Zlatanski, W. Uhring, J-P. Le Normand, C.V. Zint, D. Mathiot. **12 × 7.14 Gs/s rate Time-resolved BiCMOS Imager**, *8th IEEE International NEWCAS Conference,* June 20-23, pp. 97-100, 2010, Montréal Canada, (4 pages)

[CI20] P. Poulet, M. Amouroux, W. Uhring, T. Pebayle, R. Chabrier, N. Teissandier, M. Sand, L. Marlier. **A compact time-resolved near infrared spectroscopy setup for clinical applications,** Biomedical Optics (BIOMED), April 11-14, 2010, Miami, FL, USA, paper BTuD54, Lien (3 pages)

[CI19] W. Uhring, J-P. Le Normand, C.V. Zint, M. Zlatanski. **Integrated streak camera in standard (Bi)CMOS technology**, *Proc. SPIE 7719, Photonics Europe International Symposium,* Bruxelles, Belgique, 12-16 April 2010, ISBN: 9780819481924, Lien (13 pages)

[CI18] M. Amouroux, W. Uhring, T. Pebayle, P. Poulet, L. Marlier. **A safe, low-cost, and portable instrumentation for bedside time-resolved picosecond near infrared spectroscopy,** *Proc. SPIE 7371,* 2009, 73710C, *Novel Optical Instrumentation for Biomedical Applications IV,* Munich (Germany), June 14-18, 2009, ISBN 9780819476470. Lien (3 pages)

[CI17] M. Zlatanski, W. Uhring, J-P. Le normand, V. Zint. **A new high-resolution time-to-digital converter concept based on a 128 stage 0.35 μm CMOS delay generator,** *Joint 7th International IEEE Northeast Workshop on Circuits and Systems and TAISA Conference (NEWCAS-TAISA'09),* Toulouse (France), June 28 - July 1, 2009, Proc. pp. 1-4. Lien (4 pages)

[CI16] M. Madec, E. Hueber, W. Uhring, J.B. Fasquel, Y. Hervé. **Procedures for SLM image quality improvement,** *European Optical Society Annual Meeting 2008,* Paris (France), September 29 - October 2, 2008, Proc. on CD. Lien (8 pages)

[CI15] F. Morel, C.V. Zint, W. Uhring, J-P. Le normand, **Performances of a solid streak camera in standard CMOS technology with nanosecond time resolution,** *Proc. SPIE 7003,* 2008, 70030G, *Photonics Europe,* Strasbourg (France), April 7-11, 2008, ISBN 9780819472014. Lien (12 pages)

[CI14] M. Madec, W. Uhring, J.B. Fasquel, P. Joffre, Y. Hervé. **FLC-SLM dynamic improvement with temporal multiplexing: Application to optical image processing,** *Proc. SPIE 6183,* 2006, pp. 390-399, *Photonics Europe 2006,* Strasbourg (France), April 3-7, 2006. Lien (10 pages)

[CI13] M. Madec, Y. Hervé, W. Uhring, O. Rolland. **VHDL-AMS models of FLC for spatial light modulator virtual prototyping,** *Proc. SPIE 6183,* 2006, pp. 400-412, *Photonics Europe 2006,* Strasbourg (France), April 3-7, 2006. Lien (13 pages)

[CI11] F. morel, C.V. Zint, W. Uhring, J-P. Le Normand. **Capabilities of a new spatiotemporal CMOS imager for nanosecond low power pulse detection,** *Proc. SPIE 6187,* 2006, 61871N, *Photonics Europe,* Strasbourg (France), April 3-7, 2006, ISBN 0-8194-6243-8. Lien (10 pages)

[CI10] P. Summ, B. Reinke, M. Jung, W. Uhring. **Modular streak camera concept with independent design of electro-optical configuration and electronics,** *Proc. SPIE 5920,* 2006, 59200S, *Photonics West,* San Jose (USA), January 21-26, 2006, ISBN 0-8194-5925-9. Lien (7 pages)

[CI9] P.C. Montgomery, C. Draman, W. Uhring, F. Tomasini. **Real-time measurement of microscopic surface shape using high-speed cameras with continuously** scanning interference microscopy, *Proc. SPIE* 5458, 2004, pp. 101-108, *Photonics Europe 2004,* Strasbourg (France), April 26-30, 2004, ISBN 0-8194-5380-3. Lien (8 pages)

[CI8] F. Morel, J-P. Le Normand, C.V. Zint, W. Uhring, Y. Hu, D. Mathiot. **A fast high-resolution CMOS imager for nanosecond light pulse detections,** *Proc. SPIE* 5451, 2004, pp. 434-440, *Photonics Europe 2004,* Strasbourg (France), April 26-30, 2004, ISBN 0-8194-5374-9. Lien (7 pages)

[CI7] F. Morel, J-P. Le Normand, C.V. Zint, W. Uhring, Y. Hu. **A spatiotemporal CMOS imager for nanosecond low power pulse detections,** *3rd IEEE International Conference on Sensors (Sensors 2004),* Vienna (Austria), October 24-27, 2004, Proc. pp. 911-914. Lien (4 pages)

[CI6] W. Uhring, M. Jung, P. Summ. **Image processing provides low-frequency jitter correction for synchroscan streak camera temporal resolution enhancement,** *Proc. SPIE* 5457, 2004, pp. 245-252, *Photonics Europe 2004,* Strasbourg (France), April 26-30, 2004, ISBN 0-8194-5379-X. Lien (7 pages)

[CI5] W. Uhring, C.V. Zint, J. Bartringer. **A low-cost high-repetition-rate picosecond laser diode pulse generator,** *Proc. SPIE* 5452, 2004, pp. 583-590, *Photonics Europe 2004,* Strasbourg (France), April 26-30, 2004, ISBN 0-8194-5375-7. Lien (7 pages)

[CI4] C.V. Zint, W. Uhring, B. Casadei, J-P. Le Normand, F. Morel, Y. Hu. **A fast CMOS array imager for nanosecond light pulse detection in accumulation mode,** *Proc. SPIE* 5457, 2004, pp. 268-275, *Photonics Europe 2004,* Strasbourg (France), April 26-30, 2004, ISBN 0-8194-5379-X (7 pages)

[CI3] P. Poulet, C.V. Zint, M. Torregrossa, W. Uhring, B. Cunin. **Comparison of two time-resolved detectors for diffuse optical tomography: Photomultiplier tube-time-correlated single photon counting and multichannel streak camera,** *Proc. SPIE* 4955, 2003, pp. 154-163, *SPIE International Symposium on Biomedical Optics (BiOS 2003),* San Jose (USA), January 25-31, 2003, ISBN 0-8194-4755-2. Lien (9 pages)

[CI2] W. Uhring, C.V. Zint, P. Summ, B. Cunin. **Synchroscan streak camera temporal resolution improvement by phase-locked loop technique,** *Proc. SPIE* 4948, 2003, pp. 324-329, *25th International Congress on High-Speed Photography and Photonics,* Beaune (France), September 29 — October 4, 2002, ISBN 0-8194-4744-7. Lien (5 pages)

[CI1] W. Uhring, Y. Hervé, F. Pecheux. **Model of an instrumented optoelectronic transmission in HDL-A and VHDL-AMS.** *Proc SPIE Vol. 3893, p. 137-146, Design, Characterization and Packaging for MEMS and Microelectronics,* Brisbane, 1999 (9 pages)

Conférences nationales invité (2)

[CN26] W.Uhring, **Optical imaging for Health application,** CEA leti innovation days imaging workshop, Juin 2013

[CN13] W. Uhring, M. Zlatanski, V. Zint, J-P. Le Normand. **Les caméras à balayage de fente intégrées,** *XXIIème Colloque GRESTI,* Dijon (France), September 8-11, 2009. Lien (invité par le Pr. Michel Paindavoine) (4 pages)

[CN6] W. Uhring, **Caméra à balayage de fente à technologie CMOS,** *Les capteurs CCD-CMOS, l'état de l'art — Journée d'étude organisée par les associations ECRIN et ARMIR,* Arcueil (France), June 4, 2004 (invité par le Pr. Michel Paindavoine)

Revue nationale (1)

[RN1] M. Amouroux, P. Poulet, W. Uhring. **SPIRIT : un projet de spectromètre proche infrarouge par imagerie temporelle**, *Photoniques* 40, 2009, pp. 34-36. Lien (3 pages)

Autres conférences (20)

[CN25] W. Uhring, **Les systèmes de comptage de Photon unique**, Les 15èmes Rencontres Electronique du CNRS, Strasbourg 2013

[CN24] Wilfried Uhring et Patrick Poulet, **Ultrafast optoelectronic developments for medical imaging at ICube**, France live imaging technical and scientific workshop, Strasbourg, Novembre 2013

[CN23] F. Nouizi, M. Torregrossa, B. Dubois, W. Uhring, P. Poulet, **SPIRIT: un système proche infrarouge résolu en temps pour l'étude de l'activation cérébrale chez l'homme**, Optdiag. Paris, 2012

[CN22] W. Uhring. **Les commutations ultrarapides**, Réseau Régional des Electroniciens du CNRS Région Alsace, 15 Novembre 2011

[CN21] F. Nouizi, M. Torregrossa, V. Zint, W. Uhring, P. Poulet, **SPIRIT: a time gated near infrared spectroscopic imaging system for brain activation studies**, LIVIM, National conference with proceedings, Décembre 2011.

[CN20] F. Nouizi, B. Dubois, F.X. BLe, Diaz-Ayil, W. Uhring, P. Poulet. **Time-gated near infrared spectroscopic imaging of brain activation: instrumentation under development and simulation study**, Colloque national de Recherche en Imagerie et Technologie pour la Santé (RITS) Lille 2011

[CN19] O. Westphal, N. Bahlouli, Y. Remond, P. Olivier, L. Gornet, F. Lawniczak, W. Uhring, S. Maillard, C. Chevalier. **Caractérisation des dommages au choc de composites stratifiés aéronautiques : application à la chute d'objets**, 17èmes Journées Nationales sur les Composites (JNC17), Poitier 2011 Lien (9 pages)

[CN18] W. Uhring, **L'imagerie (CMOS & CCD) rapide et ses applications**, GDR SoC/SIP & ISIS, 20 janvier (2011)

[CN17] W. Uhring, **Détecteurs optiques ultrarapides à coût réduits**, Rencontre Régionales des Electroniciens Régions Alsace-Lorraine, le 23 novembre 2010

[CN16] W. Uhring, **Spectroscopie Proche Infra Rouge par Imagerie Temporelle**, Workshop « Applications médicales » de l'Institut Saint Louis, le 25 mai 2010, proceeding sur CD

[CN15] W. Uhring, M. Amouroux, P. poulet, B. Dubois. **SPIRIT : Spectroscopie Proche InfraRouge par Imagerie Temporelle**, C2I, 5ème colloque interdisciplinaire en instrumentation les 26 et 27 janvier 2010 Le Mans, pp. 419-426, ISBN 978-2-7462-2516-9, 2010. Lien (7 pages)

[CI12] M. Madec, W. Uhring, Y. Hervé. **VHDL-AMS model of ferroelectric liquid crystals**, *Forum on specification & Design Languages (FDL'06)*, Darmstadt (Germany), September 19-22, 2006, Proc. pp. 31-39. Lien (8 pages)

[CN14] M. Amouroux, F. Nouizi, M. Torregrossa, W. Uhring, R. Chabrier, T. Pebayle, F. Gao, L. Marlier, P. Poulet. **L'imagerie spectroscopique proche infrarouge**, Imvie (Imagerie pour les Sciences du Vivant et la Médecine), Les 9 et 10 juin 2009 à l'Université de Haute Alsace, Mulhouse (13 pages)

[CN12] M. Madec, J.B. Fasquel, W. Uhring, P. Joffre, Y. Hervé. **Processeurs optoélectroniques dédiés aux algorithmes de reconstruction d'images en tomographie,** *8ème Colloque Francophone du Club Contrôles et Mesures Optiques pour l'Industrie (CMOI 2007),* Arcachon (France), Novembre 19-23, 2007, Actes sur CD. (6 pages)

[CN11] M. Madec, J.B. Fasquel, W. Uhring, Y. Hervé., **La microélectronique et le traitement optique de l'information,** *9èmes Journées Pédagogiques du CNFM,* Saint Malo (France), November 22-24, 2006, papier invité.

[CN10] J.B. Fasquel, M. Madec, W. Uhring, K. Bouamama, P. Joffre, Y. Hervé. **Filtrage optique de données médicales,** *Colloque international OPTRO 2005,* Paris (France), May 9-12, 2005. (5 pages)

[CN9] K. Bouamama, J.B. Fasquel, P. Joffre, M. Madec, W. Uhring, Y. Hervé. **Modulateurs spatiaux de lumière et filtrage optique rapide de données médicales,** *5ème Colloque Francophone du Club Contrôles et Mesures Optiques pour l'Industrie (CMOI 2004),* Saint-Etienne (France), November 15-19, 2004, Actes pp. 570-576. (7 pages)

[CN8] M. Madec, W. Uhring, J.B. Fasquel, K. Bouamama, P. Joffre, Y. Hervé. **Amélioration de la dynamique des modulateurs spatiaux de lumière rapides à cristaux liquides par multiplexage temporel. Application à la corrélation optique,** *5ème Colloque Francophone du Club Contrôles et Mesures Optiques pour l'Industrie (CMOI 2004),* Saint-Etienne (France), November 15-19, 2004, Actes pp. 312-318. (6 pages)

[CN7] P.C. Montgomery, W. Uhring, F. Anstotz, F. Tomasini. **Nouveaux concepts dans la mesure du mouvement non-périodique de surfaces microscopiques en 3D par la microscopie interférométrique à balayage en continu,** *5ème Colloque Francophone du Club Contrôles et Mesures Optiques pour l'Industrie (CMOI 2004),* Saint-Etienne (France), November 15-19, 2004, Actes pp. 109-115. (6 pages)

[CN5] P.C. Montgomery, C. Draman, W. Uhring, Y. Reibel. **Analyse 4D de relief de surface en temps réel par la microscopie interférométrique en balayage continu,** *4ème Colloque Francophone Méthodes et Techniques Optiques pour l'Industrie,* Belfort (France), November 17-21, 2003, Actes pp. 157-162. (6 pages)

[CN4] P. Poulet, B. Montcel, C.V. Zint, M. Torregrossa, W. Uhring. **Tomographie optique diffuse résolue dans le temps,** *Imagerie pour les Sciences du Vivant et de la Médecine (IMVIE 2003),* Strasbourg (France), September 15-17, 2003. Lien (3 pages)

[CN3] W. Uhring, **L'imagerie rapide et ultrarapide dans le milieu industriel,** *Salon OPTO 2003,* Paris (France), 21-23 octobre, 2003.

[CN2] P. Poulet, C.V. Zint, M. Torregrossa, W. Uhring, A. Deruyver, B. Cunin, D. Grucker. **La tomographie optique : Une nouvelle modalité d'imagerie médicale,** *Congrès général de la Société Française de Physique,* Strasbourg (France), July 9-13, 2001.

[CN1] C.V. Zint, F. Gao, W. Uhring, P. Poulet, B. Cunin. **Imagerie proche infrarouge, résolue dans le temps, des milieux diffusants,** *XVIIIème Colloque National de la Commission 12 de l'ANRT, Image Rapide et Photonique,* Paris (France), May 17-18, 2000, Actes pp. 93-98. (5 pages)

Thèse de doctorat

[UHR02] W. Uhring, *Réalisation et caractérisation d'une caméra à balayage de fente synchroscan à résolution temporelle proche de la picoseconde*, Thèse de doctorat de l'ULP, 2002. ISBN

Habilitation à diriger des recherches

[UHR10] W. Uhring, *L'optoélectronique ultrarapide et ses applications dans l'imagerie médicale*, HDR de l'UDS, 2010.

Ouvrages

[UHR10] W. Uhring, *Réalisation et caractérisation d'une caméra à balayage de fente synchroscan à résolution temporelle proche de la picoseconde*, 2010. Edité par les éditions universitaires européennes, ISBN 9786131569975.

Chapitre d'Ouvrages

W. Uhring, M. Zlatanski, **Ultrafast Imaging with Standard CMOS Technologies**, titre de l'ouvrage : **Photodetector**, Intech, Photodetectors, ISBN: 978-953-51-0358-5, pp. 281- 306, 2012. (26 pages)

2ème partie

Synthèse et prospectives des activités de recherches dans le domaine de

L'optoélectronique ultrarapide
et ses applications dans l'imagerie médicale

3. Introduction

Ma thématique de recherche est l'imagerie rapide et ultrarapide en général et plus particulièrement ses applications dans l'imagerie biomédicale. Elle se décline selon trois axes : la vidéo rapide, les capteurs intégrés ultrarapides et l'imagerie ultrarapide conventionnelle. Ces axes se distinguent selon l'ordre de grandeur des vitesses d'acquisition des événements optiques observés comme on peut le voir sur la Figure 1. Le taux d'échantillonnage global s'étend de 100 Méga échantillons (MS/s) à 10 Giga échantillons par seconde (GS/s) pour la vidéo rapide. Les capteurs intégrés ultrarapides présentent une vitesse d'acquisition de l'ordre de 1 Tera échantillons par seconde (TS/s) et l'imagerie ultrarapide conventionnelle atteint un taux de près de 10 Péta échantillons par seconde (PS/s). Les résolutions temporelles des événements mesurés s'étendent de la milliseconde à la picoseconde et couvrent ainsi un spectre de phénomènes physiques extrêmement large allant des chocs mécaniques à la dynamique des lasers en passant par les fluorescences des bactéries par exemple.

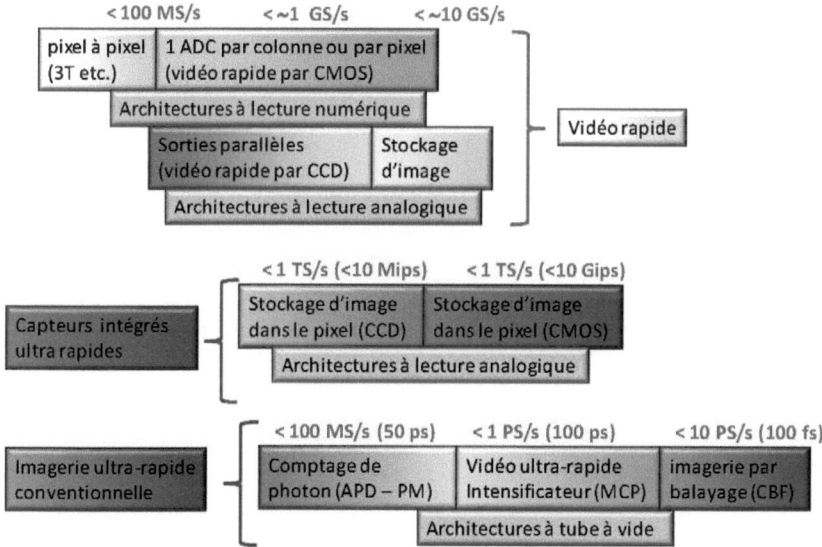

Figure 1 : Cartographie de l'imagerie rapide et ultrarapide

4. La vidéo rapide

Introduction et historique

La vidéo rapide consiste à prendre (ou afficher) une série d'images de résolution proche du mégapixel à un taux de répétition d'environ 1000 images par secondes ou toute autre combinaison équivalente maintenant le débit total aux alentours de 1 Giga-pixel/s. Ce taux d'échantillonnage est très élevé, cependant, l'électronique moderne permet d'extraire ces informations du capteur en continu et de les placer dans des mémoires externes rapides du type DDR comme celles que l'on utilise dans les ordinateurs actuels. Il est alors possible d'enregistrer une séquence vidéo équivalente à plusieurs Go de données ce qui correspond généralement à plusieurs secondes de vidéo voir plusieurs minutes [OPT10], [PHO10a].

Le groupe d'optique appliqué (GOA) du laboratoire PHASE (Physique et applications des semi-conducteurs UPR-292) a conçu et développé des caméras vidéo rapides au début des années 90. La maturité et les progrès techniques de la technologie CCD inventée en 1970 par Willard S. Boyle des laboratoires Bell [BOY70] a permis de réaliser les premières caméras vidéo rapides offrant une résolution de 512×512 pixels sur 8 bits et une fréquence de 185 images par secondes. Vers la fin des années 90, deux thèses [JUN98] et [REI01] ont permis d'atteindre des performances de 1000 images par seconde pour une matrice de 512×512 pixels. Cette vitesse de lecture élevée était obtenue par la parallélisation des sorties analogiques (jusqu'à 16) et l'utilisation de registre CCD à canaux enterrés [LAT91]. L'adjonction d'une électronique de lecture complexe a permis de descendre le bruit en dessous du LSB avec une dynamique de 8 bits [HAS99]. Les temps de développement de ces caméras CCD étaient très longs, car toute l'électronique de lecture est extérieure au circuit. En effet, comme on peut le voir sur la Figure 2, les fonctions de gain, de conversion analogique/numérique, de pilotage du capteur et de transfert vers la carte d'acquisition ou une mémoire embarquée sont à la charge de la carte électronique de la caméra.

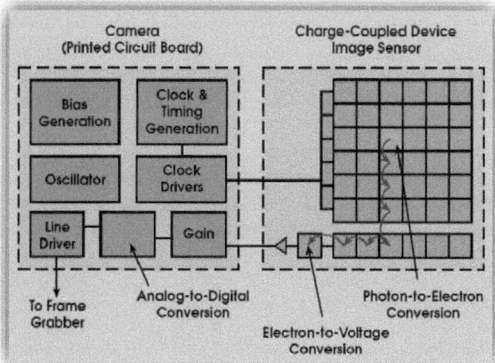

Figure 2 : Configuration classique d'une caméra CCD [LIT01].

La vidéo rapide a connu, tout comme la vidéo numérique classique, une évolution majeure avec l'avènement des capteurs CMOS au cours de ces 10 dernières années [SUZ10]. En effet, alors qu'il ne fallait pas loin de 3 ans de développement pour concevoir une caméra vidéo rapide à base de capteur CCD au début des années 2000, il ne faut dorénavant plus que 6 mois pour mettre en œuvre un capteur de vidéo rapide CMOS. Sur le synoptique de la configuration classique d'une caméra CMOS (Figure 3), on remarque que les principales fonctions de pilotage du capteur, gain et conversion analogique/numérique sont intégrées au capteur. La carte électronique de la caméra est donc simplifiée. Le système est peut-être moins flexible, car les fonctions sont figées, mais la technologie CMOS permet d'intégrer beaucoup de fonctions en parallèle. Ainsi, certains capteurs vidéo rapides intègrent plus d'un millier de convertisseurs analogique/numérique, soit un par colonne [KRY99], voire un convertisseur par pixel [KLE01], créant ainsi un pixel numérique (DPS), ce qui permet de réaliser une lecture rapide de la matrice tout en maintenant un coût relativement faible.

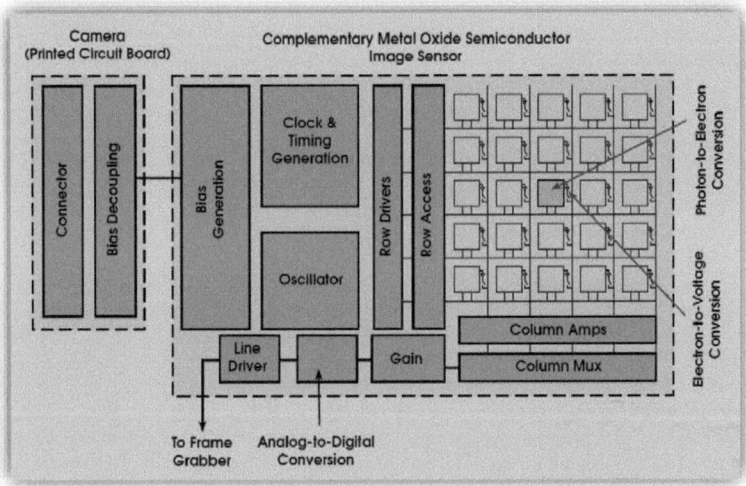

Figure 3 : Configuration classique d'une caméra CMOS [LIT01].

Le prix de revient ayant par conséquent drastiquement baissé, les ventes ont littéralement explosé. Le domaine de la vidéo rapide est désormais piloté par l'industrie microélectronique et par des constructeurs tels que : Photron [PHO10a], IDT (anciennement Redlake) [IDT10], Vision Research [VIS10], Aptina Imaging (anciennement Photobit puis Micron) [APT10], Drs Hadland, Dalsa, Cypress [CYP10], Framos, Optronis [OPT10], pco.imaging, etc. Le Tableau 1 répertorie les capteurs et les caméras les plus performants du moment. On remarque que le débit de données engendré par ces systèmes est de l'ordre du Gpixel/s avec des performances maximales de 10 Gpixels/s. La majorité des fabricants de caméras vidéo rapides achètent les capteurs Cypress, Framos et Aptina, mais le haut de gamme du marché est dominé par Photron, IDT et Vision research qui réalisent eux-mêmes leurs capteurs et atteignent des performances plus de 10 fois plus élevées que les autres acteurs.

Les capteurs vidéo CMOS entièrement intégrés avec sorties numériques ne permettent plus d'optimiser leur pilotage et il est par conséquent impossible d'améliorer les performances intrinsèques du dispositif avec une électronique extérieure. Face à ce constat, l'équipe d'imagerie rapide du laboratoire, du fait de sa taille modeste, ne fait plus de recherche sur la conception de caméras vidéo rapides depuis le début des années 2000, mais se penche plutôt sur leur mise en œuvre dans des systèmes complexes. Deux applications principales ont fait l'objet de recherches et de réalisations : la microscopie 4D et le projet POEME.

Constructeur	Référence	Résolution	Taux d'image @ pleine résolution	Remarques

Framos	MT9S402 (Capteur)	512×512	2500 ips (655MS/s)	
Aptina (ex Micron)	MT9M413 (Capteur)	1280×1024 (10 bit)	500 ips (655 MS/s)	1280 ADC, 10x10 bits @ 66 MHz (6,6 Gb/s) (500 mW)
Micron	[KRY03]	2352×1728 (10 bits)	240 ips (975 MS/s)	2352 ADC, 16x10x2 bits @ 66 MHz (9,75 Gb/s) (700 mW)
Optronis	CR5000x2 (Caméra)	512×512 (8 bits)	5000 ips (1,3GS/s)	Gigabit Ethernet (10 Gb/s) (12 Watt)
Cypress	LUPA 3000 (Capteur)	1696×1710 8 bits	485 ips (1,4 GS/s)	64 ADC, 32 LVDS ×412mb/s (13 Gb/s) (1Watt)
Vision research	Phantom v640 (Caméra)	2560×1600 (8 ou 12 bits)	1500 ips (6,1 GS/s)	Format Full HD 1920×1080 @ 2,700 ips (49 Gb/s)
Vision research	Phantom v710 (Caméra)	1280×800 (8 ou 12 bits)	7530 ips (7,7 GS/s)	Gigabit Ethernet (70 Watt) 1400000 ips @ 128×8 (61 Gb/s max)
Photron	Fastcam SA5 (Caméra)	1024×1000 (12 bits)	7500 ips (7,7 GS/s)	1000000 ips @ 64×16 (100 Watt) (92 Gb/s max)
Photron	Fastcam SA2 (Caméra)	2048×2048 (12 bits)	1000 ips (4,2 GS/s)	Format Full HD 2048×1080 @ 2000 ips (50 Gb/s)
IDT	Y4-S3 (Caméra)	1016×1016 (10 bits)	9800 ips (10 GS/s)	1016x16 @ 200000 ips (98 Gb/s max)

Tableau 1 : Liste des capteurs et caméras commerciaux les plus performants en 2010

La microscopie 4D.

Collaboration InESS, LSIIT

Ce projet consiste à la métrologie de surfaces microscopiques en temps réel par interférométrie microscopique en lumière blanche. Le système a pour objectif d'effectuer des mesures en temps réel de mouvements non périodiques. Un balayage en continu des franges blanches en profondeur de l'échantillon à mesurer en combinaison avec une caméra rapide pour l'acquisition et un traitement d'images effectué en logique câblée permet d'obtenir des mesures en 3D à une cadence de quelques Hertz [CN7]. L'émergence des nouvelles technologies pour la mesure en temps réel ouvre de nouvelles possibilités d'analyse inaccessibles jusqu'alors dans les domaines des microsystèmes (MOEMS, SOC, etc.), de la biologie, des polymères, et des réactions chimiques de surfaces.

Des sondes rapides ont été développées en microscopie confocale [SCH04] collectant des données à une fréquence de 8000 Hz, ce qui permettrait d'obtenir des images de 50×40 pixels à une cadence de 4 ips (image par seconde) par exemple. En microscopie à force atomique (AFM), une cadence de 10 ips est désormais possible [HOR03]. L'utilisation d'une pointe résonnante en microscopie en champ proche (SNOM) permet d'augmenter la bande passante de mesure au-delà de 1 MHz, ce qui donne une cadence de mesure de 100 ips (128×128 pixels) en mode SNOM sur une surface de 20 µm^2 [HUM03]. En microscopie à saut de phase une caméra rapide cadencée à 200 ips pour l'acquisition d'images de franges en combinaison avec un cristal photoréfractif produisant le décalage de phase a permis des cadences de 50 ips (mesures en niveaux de gris) sur des rugosités en dessous de $\lambda/2$ [DUB99]. Pour les grandes surfaces, la technique de « *Lateral Scanning Interferometry* » [OLS00] permet des vitesses d'acquisition de mesures de l'ordre d'une centaine d'images par seconde. Cependant, la technique reste limitée à certains types d'échantillons.

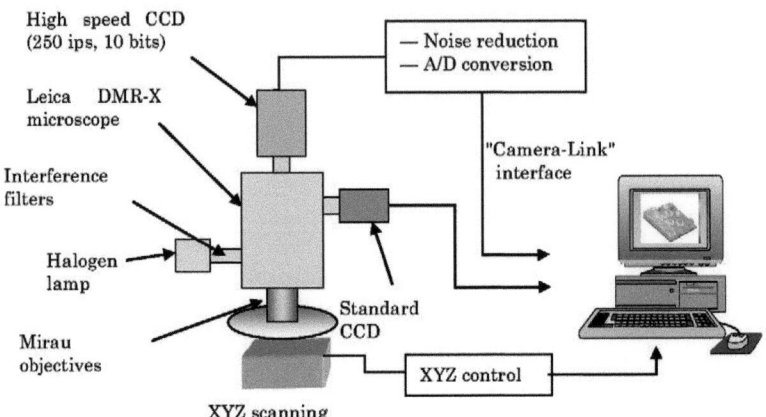

Figure 4 : Dispositif expérimental de microscopie 4D en temps réel [CN5]

Le dispositif expérimental réalisé par l'InESS est décrit sur la Figure 4 [CN5]. Une caméra rapide observe les franges d'interférence à la surface d'un objet déplacé en hauteur à l'aide d'une platine piézoélectrique. La résolution spatiale en profondeur obtenue est de l'ordre de quelques nanomètres alors que la résolution spatiale latérale est de l'ordre du micromètre. L'algorithme PFSM (« *Peak Fringe Scanning Microscopy* ») permet de définir simplement et rapidement l'altitude d'un point de l'objet en détectant son maximum de luminosité. Lors du balayage en Z, on détecte le maximum pour chaque pixel et l'on enregistre à ce moment l'altitude donnée par la platine piézoélectrique. On obtient alors une image 2D qui est la valeur de la profondeur pour chaque pixel. Ce traitement numérique a été embarqué sur FPGA afin de calculer directement l'image 3D de l'objet à l'aide d'une cinquantaine d'images vidéo environ. Le système, principalement développé par Paul Montgomery, chargé de recherche à l'InESS et Cemal Draman, Ingénieur de recherche au LSIIT, permet d'obtenir des images 3D avec un taux de répétition de 6 ips environ selon la profondeur de l'objet à analyser et cela avec une large dynamique spatiale (512×512 points) [CI9].

Dans ce système, la vitesse n'est pas limitée par la fréquence d'acquisition des images, mais par le système de traitement à la volée des données issues de la caméra (le traitement sur FPGA). Il génère quelques artefacts notamment sur les bords abrupts des objets comme on peut le voir sur la Figure 5. Il est néanmoins très rapide et très simple à mettre en œuvre et permet d'obtenir des images de qualité suffisante suivant les phénomènes ou les objets observés. A l'InESS on trouve désormais toutes les compétences et tous les outils permettant d'envisager de créer un capteur vidéo intelligent (Smart Sensor) intégrant l'algorithme PFSM directement au cœur du pixel. Cette approche très fortement parallélisée permettrait de gagner un à deux ordres de grandeur par rapport aux dispositifs actuels. Nous explorons cette piste avec P. Montgomery dans la poursuite de nos collaborations de recherches.

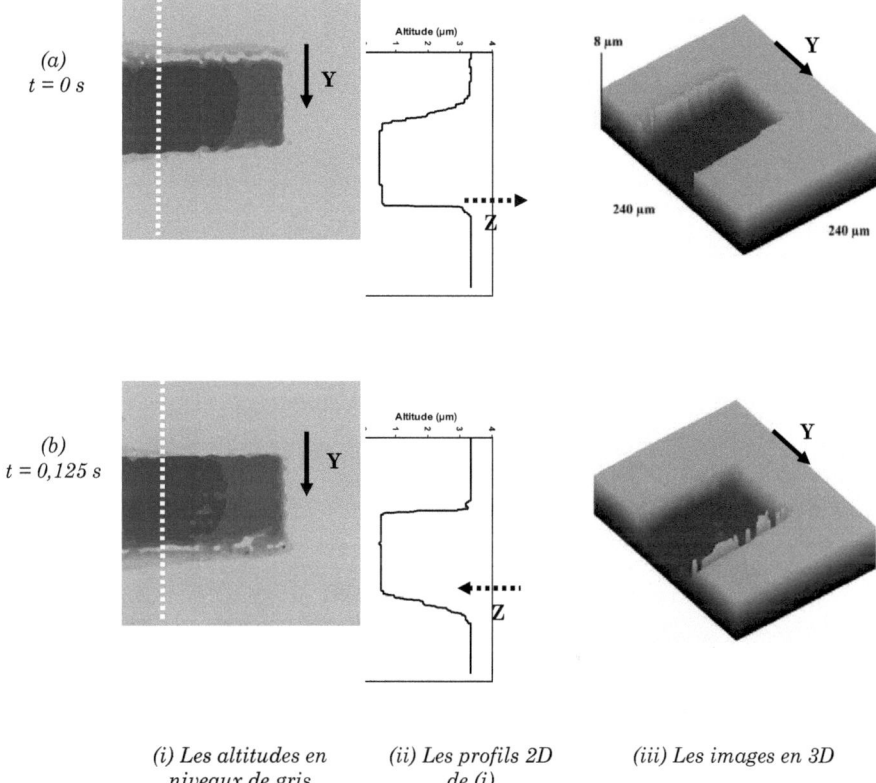

(i) Les altitudes en niveaux de gris   (ii) Les profils 2D de (i)   (iii) Les images en 3D

Figure 5 : Deux mesures successives (512×512 pixels) faites avec la caméra CCD rapide d'un sillon de 2,77 µm de profondeur dans le quartz qui se déplace latéralement en Y (flèches pleines) avec un balayage de franges en continu à 1,5 Hz sur l'axe optique, Z (flèches pointillées).

Dans l'approche de ce type de système, on remarque que la caméra vidéo rapide, enregistre l'événement est que des calculateurs rapides sont mis en jeux afin de traiter les données issues de la caméra. Une approche inverse est également possible : utiliser la caméra vidéo rapide afin de traiter des informations. C'est cette approche qui est utilisée dans le projet POEME.

Le processeur optoélectronique pour la reconstruction d'image médicale : projet « POEME »
Collaboration InESS, Ircad, LSP, MicroModule SAS

Thèse de Morgan Madec, (actuellement MCF à l'InESS)

Contexte

L'avancée de la robotique médicale et chirurgicale a permis au cours de ces dernières années, une augmentation importante des interventions sous scanners à rayon X [TAY08]. Ces interventions permettent de bien repérer les organes, de choisir le bon point d'entrée de l'aiguille et de suivre son trajet dans le cas des ponctions biopsie par exemple. Certains systèmes comme *iGuide* [SIE10] proposent une programmation du trajet optimal à suivre calculé avant la procédure. Puis, pendant le geste, les écarts entre le chemin choisi et celui suivi par le médecin sont contrôlés (voir Figure 6). Ces techniques dites de « radiologie interventionnelle » sont de plus en plus utilisées pour détruire par radiofréquence ou cryogénie des tumeurs localisées [KAZ08]. Plusieurs équipes, dont une Strasbourgeoise, travaillent sur la réalisation de robot permettant de faire les opérations à distance évitant ainsi au praticien de s'exposer au rayonnement ionisant [PIC09].

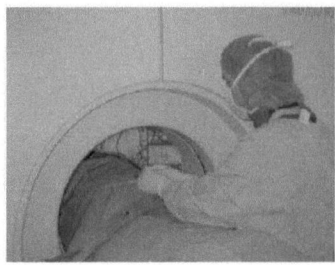 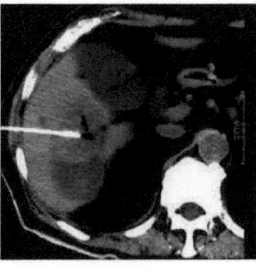

Figure 6 : Insertion percutanée d'une aiguille guidée par scanner, en intervention manuelle (à gauche), image disponible pour le praticien (à droite) [PIC09]

Les scanners les plus récents (gamme Somaton de Siemens [SIE10]) disposent de détecteurs qui réalisent leur rotation en à peine 0,28 seconde [NED07]. Ces dispositifs possèdent deux sources orientées à 90°. Comme une rotation sur 180° suffit pour faire la mesure, la résolution temporelle atteint les 70 ms. Cette haute vitesse d'acquisition permet d'envisager une rétroaction visuelle en temps réel. Cependant, parallèlement à l'accélération de la mesure, la résolution spatiale des scanners augmente et la reconstruction des images peut prendre beaucoup plus de temps que l'acquisition elle-même. Les systèmes de traitement numériques actuels permettent toutefois de reconstruire les images sur des petites matrices de 256×256 pixels en moins de 70 ms [GAC09], soit un gain d'un facteur 100 par rapport aux ordinateurs de type PC disponibles lors du projet POEME. En effet, l'exécution d'algorithme de traitement sur carte graphique (GPU) est une activité en plein essor. Or, les GPU disposent de nombreuses unités de calcul performantes. Par exemple, la dernière architecture NVIDIA Fermi dispose de près de 500 unités de calcul en entier et virgule flottante [NVI10]. La programmation de ces unités est désormais facilitée grâce à l'environnement CUDA (*Compute Unified Device Architecture*) [GAC08].

Au moment du lancement du projet POEME, la reconstruction d'une tranche prenait plusieurs secondes, voire plusieurs minutes pour de grandes tailles de matrice et cela même avec des unités de calculs dédiées de type DSP, FGPA ou ordinateurs les plus performants de l'époque (Pentium 4). Le projet consistait à l'accélération du traitement de calcul par voie optique des données tomodensitométriques délivrées par les scanners à rayon X avec pour objectif de pouvoir reconstruire en temps réel l'image 3D du patient. Pour comprendre le principe de fonctionnement des architectures optoélectroniques ainsi que leurs intérêts, il est nécessaire de comprendre quelles sont les données brutes que fournissent les scanners et les traitements qu'il faut leur appliquer afin d'obtenir des images interprétables par le médecin.

La transformée de Radon

Le principe de la tomographie par absorption de rayons X est de mesurer la distribution surfacique ou volumique du coefficient d'absorption local $\mu(x,y,z)$ des tissus traversés par le faisceau monoénergétique de rayon X. L'acquisition consiste à mesurer l'absorption du corps à différents endroits et sous différents angles. L'intensité lumineuse du faisceau après la traversée d'une épaisseur dx d'un tissu d'absorption μ peut s'écrire :

$$dI = -I\mu(x)dx \qquad (1)$$

En intégrant cette équation, on trouve :

$$I(x) = I_0 e^{-\int_{x_0}^{x} \mu(x)dx} \qquad (2)$$

Où I_0 est la valeur d'intensité mesurée pour cette direction en l'absence d'objet à analyser. Un scanner complet donne les valeurs de I pour l'ensemble des rayons pouvant traverser l'objet examiné. Le vecteur directeur de chaque faisceau est désigné par $\vec{n}$ et la droite qui lui est associée par $D(\vec{n})$. La transformée de Radon consiste à calculer le logarithme des acquisitions qui est proportionnel à l'intégrale de la fonction μ le long d'une ligne.

$$R(\vec{n}) = \ln\left(\frac{I(\vec{n})}{I_0(\vec{n})}\right) = -\int_{x \in D(\vec{n})} \mu(x)dx \qquad (3)$$

En 2 dimensions, chaque rayon traversant la surface S étudiée est repéré par l'angle θ que fait sa normale avec l'axe Ox et la distance ρ entre le rayon considéré et sa parallèle passant par le centre de rotation du système (voir Figure 7). La transformée de Radon d'une fonction $f(x,y)$ restreinte à S s'exprime alors ainsi [KAK01] :

$$\mathcal{R}_2\{f(x,y)\}(\rho,\theta) = \int_S f(x,y) \cdot \delta(\rho - x\cos\theta - y\sin\theta) dS \qquad (4)$$

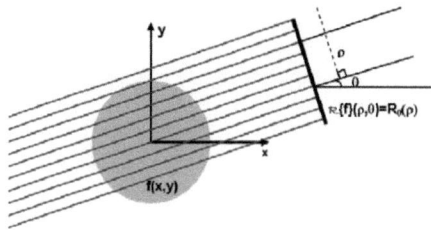

Figure 7 : Géométrie de projections dites « parallèles » conduisant à la transformée de Radon

Afin d'illustrer le principe de la transformée, on peut voir la transformée de Radon 2D de deux objets de taille et d'absorption différentes sur la Figure 8. La partie de droite est conforme à ce que génèrent les scanners médicaux. On comprend aisément pourquoi cette donnée brute est appelée un sinogramme. Puisque traverser un objet dans un sens est équivalent à le traverser dans l'autre sens, la transformée de Radon s'arrête à 180°.

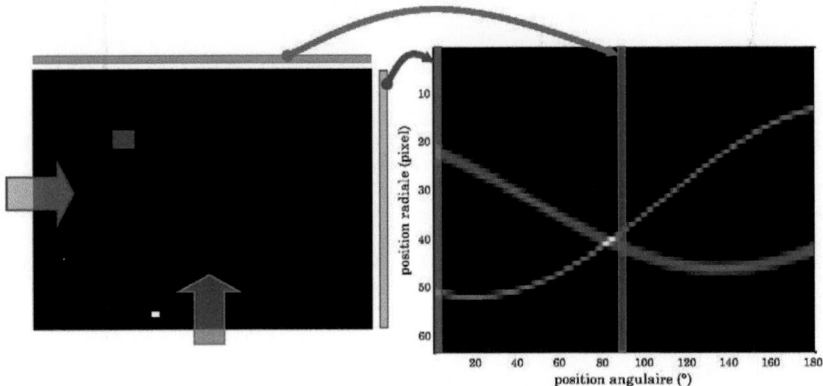

Figure 8 : Objets de taille et de densité différentes (à gauche) et leur transformée de Radon (à droite)

Sur un véritable scanner, la transformée de Radon est 3D et la géométrie n'est par purement parallèle. En effet, la majorité des tomographes utilisent une géométrie dite en « *fan-beam* » (2D) ou en « *cone-beam* » (3D), car la source d'émission est ponctuelle. Ce problème peut être relativement simplement résolu par des méthodes de recombinaison qui consistent à réordonner les acquisitions obtenues avec la géométrie du scanner de manière à approcher celles que l'on aurait obtenues avec une géométrie 2D en parallèle [KAC01].

La reconstruction des images

La reconstruction de la tranche mesurée par le scanner consiste principalement à inverser la transformée de Radon, mais celle-ci est un « problème inverse mal posé », car il n'existe pas qu'une seule solution, lorsqu'elle existe. En effet, on peut montrer que la reconstruction exacte n'est possible qu'avec la connaissance d'une infinité de projections [KAK01]. Seule l'approche d'inversion analytique est envisageable par voie optique, l'approche algébrique [HER71][GIL72] ne se prêtant pas efficacement au concept de traitement optique de l'information. Les méthodes analytiques supposent la connaissance du jeu de projection infini. Il existe plusieurs expressions de la transformée de Radon inverse. Le théorème « coupe-projection » est le théorème de base en reconstruction tomographique : « La transformée de Fourier (TF) de la transformée de Radon de $f(x,y)$ dans la direction θ est égale à la coupe suivant θ de la transformée de Fourier bidimensionnelle de la fonction $f(x,y)$ ». Ce qui se résume à l'expression suivante :

$$\mathcal{F} \circ \mathcal{R}_\theta \{f\}(v_\rho) = \mathcal{F}_2\{f\}\big|_{\substack{v_x = v_\rho \cos\theta \\ v_y = v_\rho \sin\theta}} \tag{5}$$

Une inversion par passage à la TF consiste à remplir le spectre de Fourier de l'image avec les TF des projections, puis de calculer la TF inverse du spectre réalisé. Mais [FES03] démontre des images de qualité suffisante uniquement en utilisant un maillage non uniforme dans le plan de Fourier, interdisant alors l'utilisation d'algorithmes de TF rapides ce qui conduit à des temps de reconstruction trop importants.

L'expression de l'inversion par rétroprojections filtrées (FBP) est basée sur l'expression de la transformée de Fourier 2D inverse en coordonnées polaire :

$$f(x,y) = \frac{1}{4\pi^2} \int_{-\infty}^{+\infty} \int_0^{2\pi} \mathscr{F}\{f\}(v_\rho \cos\theta, v_\rho \sin\theta) e^{2i\pi v_\rho(x\cos\theta + y\sin\theta)} |v_\rho| d\rho d\theta \qquad (6)$$

En utilisant le théorème « coupe-projection », on obtient l'expression de la FPB :

$$f(x,y) = \frac{1}{4\pi^2} \int_0^{2\pi} \left(\int_{-\infty}^{+\infty} \mathscr{F}\{R_\theta\}(v_\rho) e^{2i\pi v_\rho \rho} |v_\rho| dv_\rho \right) \cdot d\theta \qquad (7)$$

On observe alors que la transformée de Radon inverse $\mathscr{R}^{-1} = \mathscr{B} \circ \mathscr{V}$ peut s'écrire à l'aide d'un opérateur de rétroprojection $\mathscr{B}$ qui consiste à projeter et à additionner selon l'angle θ (l'intégrale de 0 à 2π d'un vecteur) et un opérateur de filtrage $\mathscr{V}$ qui consiste à un filtrage passe-haut de type rampe (la TF inverse de la TF d'un vecteur multiplié par la fonction valeur absolue de la fréquence).

$$\mathscr{V}: f(\rho,\theta) \to g(\rho,\theta) = f * h(\rho,\theta) \qquad \text{avec } \mathscr{F}\{h\} = |\omega_\rho| \qquad (8)$$

$$\mathscr{B}: g(\rho,\theta) \to f(x,y) = \int_0^{2\pi} g(x\cos\theta + y\sin\theta, \theta) d\theta \qquad (9)$$

Les opérations de rétroprojection et de filtrage peuvent être interverties, l'opération de filtrage opérant alors dans le domaine 2D. La reconstruction par FBP est la méthode la plus employée en tomographie 2D.

Nous avons étudié la possibilité de réaliser ces traitements par voie optique. Deux algorithmes de reconstruction ont fait l'objet d'études d'implantation optique, l'une faisant appel à un corrélateur optique « classique » de type Vander Lugt [CN9] [CN10] et l'autre faisant appel à un dispositif de rétroprojection filtrée [RI5].

Le filtrage par voie optique
Parmi les architectures de processeurs optiques explorés [ONE56], [TSU63], [VDL64], WEA66, GOO77, NIC78, AMB86, LUT91, SJO98, BOU04] nous nous sommes intéressés plus particulièrement au corrélateur optique de Vander Lugt (Figure 9) et le corrélateur optique à transformée jointe qui permettent des opérations de filtrage et de corrélation.

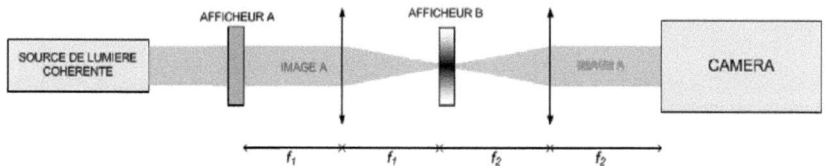

Figure 9 : Le processeur optique de Van der Lugt

La théorie de la diffraction de Fresnel permet de démontrer qu'en utilisant une source de lumière cohérente, le champ électrique obtenu dans le plan focal d'une lentille est la transformée de Fourier de celui de l'image formée à son entrée. Le processeur optique de Van der Lugt [VDL92] consiste à utiliser deux afficheurs, l'un pour générer l'image, et l'autre pour afficher un filtre dans le plan focal image d'une lentille L_1 (ou « plan de Fourier »). Une seconde lentille L_2 calcule la TF du plan de Fourier pour reformer l'image filtrée (Figure 9). Le champ électrique dans le plan focal image de L_2 vaut :

$$\begin{aligned} c(x,y) &= \mathcal{F}_2\left\{\mathcal{F}_2\left\{f(x,y)\right\}\left(v_x,v_y\right)\cdot H\left(v_x,v_y\right)\right\}(x,y) \\ &= C^{te}\cdot f(-x,-y)*h(-x,-y) \quad \text{avec} \quad H = \mathcal{F}_2\{h\} \end{aligned} \quad (10)$$

La caméra placée dans ce plan reçoit et enregistre l'intensité lumineuse qui est donnée par le carré du champ électrique, soit :

$$I(x,y) = \left|f(-x,-y)*h(-x,-y)\right|^2 \quad (11)$$

Un processeur optique de type Vander Lugt ne fournit donc pas directement le résultat d'un filtrage, mais son module au carré. Or le filtre rampe à appliquer (voir équation (7)), est de type passe-haut avec notamment H(0) = 0, ce qui revient à dire que la composante continue du résultat est nulle, ou encore que le résultat contient des valeurs positives et négatives. Le résultat de l'opération réalisée par le corrélateur optique de Vander Lugt ne peut générer de valeurs négatives. Pour contourner le problème, on applique une différence entre un filtre passe tout et un filtre passe-bas judicieusement choisi afin d'obtenir le bon filtrage [MAD06].

Le temps de calcul du filtrage de l'algorithme FBP pour différentes architectures optiques et numériques est donné dans le Tableau 2.

	DSP fixed-point[1] TMS320C64+ @ 1GHz	DSP floating-point[1] ADSP-TS201	PC[2] Pentium 4 @ 3,6 GHz	Processeur optique[3] 512^2 @ 4kHz	Processeur optique[4] 1024^2 @ 1kHz	Processeur optique[4] 4096^2 @ 60Hz
256 × 256	0,5	2	4,5	0,25	0,5	2
512 × 512	2,3	9	19,9	0,5	1	4
1024 × 1024	10	40	88		2	8
367 × 360	1,6	6,3	13,8	0,33	0,7[8]	3
729 × 720	7,1	28,1	61,8		1,4[8]	5,6
729 × 1080	10,6	42,1	92,6		2,10[8]	4,2
672 × 1160[5]	11,4	45,3	99,66		2,26[8]	4,52
2400 × 2400[6]	45	180	396			16,6
729 × 1080[7]	17,3	92,7	203,9		1,05[8]	1,05
672 × 1160[7]	24,9	99,6	219,12		1,13[8]	1,13
2400 × 2400[7]	99	396	817			16,6

Tableau 2 : Temps de calcul du filtrage dans l'algorithme FBP pour différents systèmes. Les temps de calcul sont donnés en millisecondes.

Tous les éléments technologiques nécessaires à la réalisation d'un processeur optique fonctionnant à 1 kHz étaient disponibles au lancement du projet POEME. A la vu du

---
[1] *Valeurs théoriques — Calculées avec des formules fournies par [Texas Instrument] et [Analog Device]*
[2] *Valeurs estimées à partir des benchmarks [FFT]*
[3] *Cas du processeur optique réalisé par Ewing et al. [EWI04] – mode burst*
[4] *Processeur optique accessible avec les limites des technologies actuelles (limitations intrinsèques et débits) – mode burst.*
[5] *Données classiques pour des scanners hélicoïdaux [SIE]*
[6] *Données classiques issues des scanners cone-beam du petit animal classique [BRA05,HAM]*
[7]*Avec un zéro-padding de 2*

potentiel de gain de calcul réalisable à l'aide du processeur optique, nous avons étudié en détail les limitations intrinsèques et extrinsèques de ce procédé sur la qualité du traitement à effectuer.

Bruits des processeurs optiques de type Vander Lugt
Nous avons déjà vu que le processeur optique génère le carré du filtrage escompté, mais ce problème peut être contourné en utilisant uniquement des filtrages passe-bas et des fonctions de correction non linéaires (LUT pour *Look Up Table*) en racine carrée. Les processeurs optiques souffrent également de défauts technologiques. La quantification spatiale des afficheurs (SLM pour *Spatial Light Modulator*) peut être négligée si les zones opaques inter pixel sont faibles [GIA92]. Les problèmes d'alignement sont critiques surtout dans les plans de Fourier. L'apparition de tavelures (speckle en anglais) est le problème le plus gênant, car il génère des tâches granulaires qui dégradent beaucoup les images. D'autre part, les caméras vidéo rapides disposent en général d'une dynamique relativement faible 8 à 12 bits (voir Tableau 1). Sur ce paramètre, les afficheurs rapides sont encore plus limités, car au moment du projet POEME, il n'y avait qu'un seul modèle 8 bits rapide disponible sur le marché, les autres modulateurs rapides étant binaires.

L'étude théorique de ces divers paramètres a fait l'objet d'un chapitre de la thèse de Morgan Madec [MAD06] (voir Figure 10). Ces résultats indiquent qu'avec un codage sur 8 bits sur le plan image, le filtre et la caméra, le rapport signal à bruit peut être supérieur à 20 dB (moins de 1 % d'erreur) ce qui représente une image de bonne qualité pour une expertise visuelle. Nous avons donc procédé à la réalisation concrète d'un processeur optique.

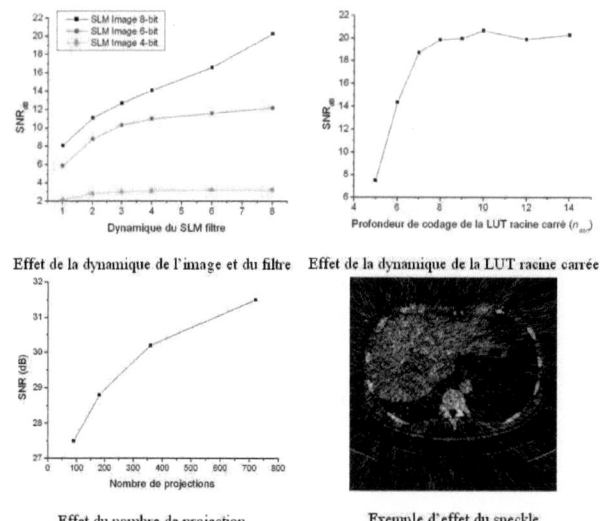

Figure 10 : Résultats complémentaires concernant la reconstruction par FBP avec filtrage optique. SNR en fonction de la dynamique du SLM filtre (en haut à gauche), SNR en fonction de la LUT racine carrée (en haut à droite), SNR en fonction du nombre de projections (en bas à gauche), effet du speckle sur la reconstruction (en bas à droite) (on aperçoit de nombreuses tâches sur l'image)

Réalisation expérimentale

Le montage du processeur est détaillé sur la Figure 11. Le projet POEME disposait d'un financement relativement modeste. Or le montant global du banc expérimental était supérieur à 50 k€. C'est grâce a la mise en place de plusieurs collaborations que nous avons pu monter ce système qui inclut :

- Une diode laser de 5 mW fournie par la société bretonne micromodule SAS.
- Un SLM à cristaux liquides ferroélectriques analogiques rapides [BOU10] mis à disposition par le groupe FOTI du laboratoire MIPS.
- Un SLM à cristaux liquides nématiques en transmission mis à disposition par le Laboratoire des Systèmes Photoniques (LSP) de Strasbourg.
- Une caméra rapide CAMRECORD600 prêtée par la société Allemande Optronis GmbH.
- Les composants optiques ont été achetés sur fonds propres de l'InESS.

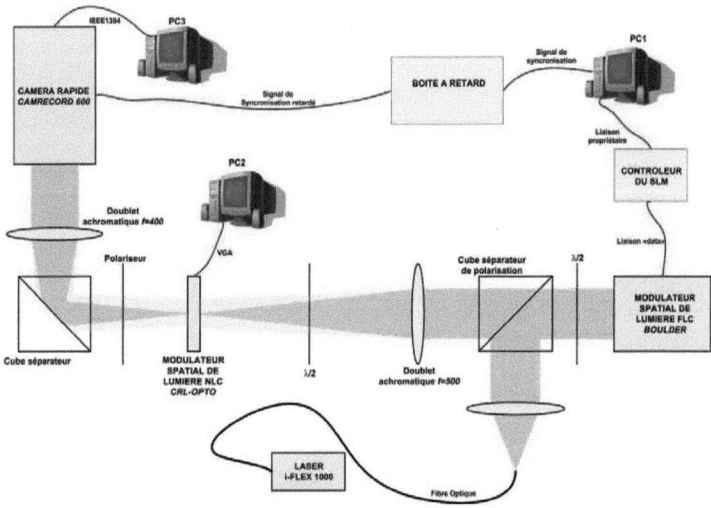

Figure 11 : Montage du processeur optique réalisé

Les résultats obtenus avec ce système étaient entachés d'erreurs qui dépassaient souvent les 10 %. Mais le plus gênant est que des essais sur un jeu de données réelles issues d'un scanner montrent que l'on ne discerne plus les tumeurs présentes dans un foie pourtant bien visibles avec une méthode de reconstruction numérique [MAD06]. Un montage « sur table » ne donne pas de résultat satisfaisant. La réalisation d'un processeur optique compact (« solide state »), pour lequel les éléments sont alignés puis coulés dans une résine neutre ou son intégration dans un composant mécano-opto-électronique (MOEMS) devrait permettre de réduire le *speckle* qui était généré par chacune des interfaces optiques de notre montage. De plus, l'afficheur rapide utilisé présentait beaucoup de défauts. Nous avons proposé une méthode générale de caractérisation et d'amélioration de l'affichage des SLM à partir d'une LUT spatiale fonctionnant par zones déterminées par des classes de pixels présentant des comportements identiques [CI16] (voir le sous-chapitre « L'affichage rapide »). Ce travail a permis d'améliorer sensiblement le traitement, toutefois, le manque d'afficheur rapide à niveau de gris « analogique » sur le marché nous a poussés à étudier la possibilité d'utiliser des SLM binaires dans le cadre de cette étude.

Utilisation de SLM binaires rapides dans le traitement optique de l'information

Il existe plusieurs technologies d'afficheur [EFR94] dont la plus mature est les cristaux liquides nématiques [SCH71], qui peuvent afficher des niveaux analogiques, mais dont la vitesse de commutation est limitée à 50 Hz environ. Cependant, de nouvelles techniques de pilotage apparaissent portant les fréquences à près de 200 Hz [WEN02]. Les cristaux liquides ferroélectriques bistables (FLC-B) bénéficient d'une vitesse de commutation binaire inférieure à 100 µs [CLA80] [DIS10]. Quelques essais de cristaux liquides ferroélectriques analogiques (FLC-A) proches de nos besoins ont vu le jour en 1995 [FUK95], mais cette technologie n'a pas beaucoup évolué depuis [BN010]. Les SLM à multiples puits quantiques (MQW) est une technologie émergente qui permet des commutations à plus de 1 GHz [LIA05]. Ils sont principalement utilisés comme commutateur binaire dans les systèmes de télécommunications, et des modulations analogiques ont déjà été établies. Leur mise en œuvre est toutefois délicate, puisqu'ils requièrent une très grande précision sur la longueur d'onde utilisée. Finalement, les matrices de micromiroir numérique (DMD) développées par Texas Instrument est la technologie la plus utilisée dans les vidéoprojecteurs du commerce. Elle est capable de réaliser des modulations binaires à plus de 100 kHz [HOR99] [DLP05]. En imagerie classique, ces afficheurs permettent d'obtenir des images de très bonne qualité. Nous avons étudié la possibilité d'utiliser un SLM binaire afin de réaliser un processeur optique [RI4] [CI14] [CN8].

Multiplexage temporel

Il existe plusieurs méthodes pour afficher des niveaux de gris à l'aide de SLM binaire [REY91]. Nous avons identifié le multiplexage temporel par décomposition binaire comme étant le plus pertinent dans notre application. Dans ce cas, le nombre de sous images à afficher est de $\text{Log}_2(N)$ pour une image codée en N niveaux de gris. Nous proposons donc de décomposer les images (f) et le filtre (h) par :

$$f = \sum_{k=0}^{N-1} f_k \cdot 2^k \quad et \quad h = \sum_{l=0}^{M-1} h_l \cdot 2^l \qquad (12)$$

Mathématiquement, le produit de convolution est distributif donc la décomposition et le multiplexage temporel devraient pouvoir s'appliquer. Cependant, l'acquisition quadratique du champ électrique par la caméra modifie le résultat (voir équation (11)). Le principe de calcul optique est le suivant : chaque produit de convolution $g_{k,l} = f_k * h_l$ est calculé optiquement et le résultat est pondéré par modulation de la puissance du laser ou bien par modulation du temps d'exposition ou encore par postopération numérique. Le résultat est le suivant :

$$\tilde{I}_1 = \sum_{k=0}^{N-1} \sum_{l=0}^{M-1} 2^{k+l} \left| f_k * h_l \right|^2 \qquad (13)$$

On voit immédiatement que le résultat est faux de par l'acquisition en intensité de la caméra. Par ailleurs, l'opération de convolution est effectuée sur le champ électrique qui est proportionnel à la racine carrée de l'intensité. Il convient donc d'afficher une intensité qui est le module au carré de l'image à traiter. Pour cela, nous proposons également une deuxième méthode qui utilise des puissances de 4 suivies d'un calcul de racine carrée afin de s'approcher au mieux du calcul réel à effectuer :

$$\tilde{I}_2 = \sqrt{\sum_{k=0}^{N-1}\sum_{l=0}^{M-1} 4^{k+l} |f_k * h_l|^2} \qquad (14)$$

Nous avons mené une étude théorique de l'erreur produite par ces méthodes de calcul. Elle est résumée dans le Tableau 3.

1ère méthode		2ème méthode
$\tilde{I}_1 = \sum_{k=0}^{N-1}\sum_{l=0}^{M-1} 2^{k+l} g_{k,l}^2$	Image calculée	$\tilde{I}_2 = \sqrt{\sum_{k=0}^{N-1}\sum_{l=0}^{M-1} 4^{k+l} g_{k,l}^2}$
$\delta_1 = \sum_{k=0}^{N-1}\sum_{l=0}^{M-1} 2^{k+l} \left| g_{k,l}^2 - g_{k,l} \right|$	Fonction erreur	$\delta_2 = \left| \sqrt{\sum_{k=0}^{N-1}\sum_{l=0}^{M-1} 4^{k+l} g_{k,l}^2} - \sum_{k=0}^{N-1}\sum_{l=0}^{M-1} 2^{k+l} g_{k,l} \right|$
$\forall k,l \quad g_{k,l} = 0 \text{ or } 1$	Cas d'égalité	$\forall k,l \quad g_{k,l} = 0$
$\forall k,l \quad g_{k,l} = \frac{1}{2}$	Cas d'erreur maximale	$\forall k,l \quad g_{k,l} = 1$
$\delta_1^{(max)} = \sum_{k=0}^{N-1}\sum_{l=0}^{M-1} 2^{k+l-2}$	Erreur maximale	$\delta_2^{(max)} = \sum_{k=0}^{N-1}\sum_{l=0}^{M-1} 2^{k+l} - \sqrt{\sum_{k=0}^{N-1}\sum_{l=0}^{M-1} 4^{k+l}}$
$\delta_1 \in \left[0; \frac{1}{4} \right]$	Plage d'erreur normalisée	$\delta_2 = \left[0; \frac{2}{3} \right]$
15 %	Erreur moyenne	20 %
2.5 %	Erreur moyenne quadratique après correction	6 %

Tableau 3: étude théorique des deux méthodes de pondération pour le multiplexage temporel

Cette étude non triviale, conduit à des erreurs qui dépendent du signal à effectuer, c'est-à-dire du terme $g_{k,l}$. Nous avons tout de même quantifié et borné ces erreurs de manière théorique en considérant une distribution statistique uniforme du signal. Comme on peut le voir sur le Tableau 3, les erreurs sont de l'ordre de 15 à 20 %. Afin de quantifier plus finement les erreurs sur un exemple concret de reconstruction d'image, nous avons développé un modèle Matlab® de processeur optique incluant 4 configurations d'afficheurs qui conduisent chacune à un calcul différent :

1ère configuration : utilisation de deux SLM analogiques, qui conduisent à l'opération déjà évoquée dans l'équation (11) :

$$g_1 = \left| \sum_{k=0}^{N-1}\sum_{l=0}^{M-1} 2^{k+l} f_k * h_l \right|^2 = |f * h|^2 \qquad (15)$$

2ème configuration : utilisation d'un SLM analogique dans le plan image et un SLM binaire dans le plan de Fourier. L'opération effectuée est :

$$g_2 = \sum_{l=0}^{M-1} 2^l \left| \sum_{k=0}^{N-1} 2^k f_k * h_l \right|^2 = \sum_{l=0}^{M-1} 2^l |f * h_l|^2 \qquad (16)$$

3ème configuration : utilisation d'un SLM binaire dans le plan image et un SLM analogique dans le plan de Fourier 3. L'opération effectuée est :

$$g_3 = \sum_{k=0}^{N-1} 2^k \left| \sum_{l=0}^{M-1} 2^l f_k * h_l \right|^2 = \sum_{k=0}^{N-1} 2^k |f_k * h|^2 \qquad (17)$$

La 4ème configuration utilise 2 afficheurs binaires qui conduisent à l'opération dont les erreurs théoriques ont été estimées :

$$g_4 = \sum_{k=0}^{N-1} \sum_{l=0}^{M-1} 2^{k+l} |f_k * h_l|^2 \qquad (18)$$

Le résultat de la reconstruction d'une image d'abdomen à l'aide des 2ème et 3ème configurations sont montrés dans le Tableau 4.

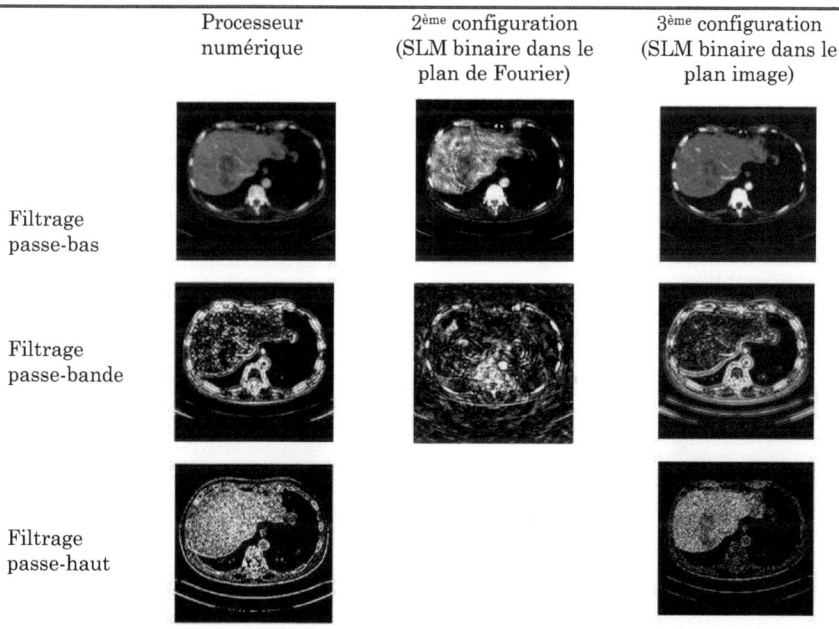

Tableau 4 : Comparaison des différentes configurations de processeur optique avec des SLM binaires

Il relève de cette étude que ces SLM binaires ne peuvent pas être utilisés dans le plan de Fourier d'un processeur optique de traitement d'images médicales. On observe qualitativement que l'intégration quadratique au niveau de la caméra dégrade la qualité d'image de manière trop importante pour cette application. Dans le plan image, l'utilisation est possible dans la mesure où les filtres utilisés sont à réponse impulsionnelle positive [RI4]. Dans le cadre du traitement à effectuer dans notre algorithme de reconstruction, cela reste envisageable surtout si l'on effectue le filtrage rampe par la différence entre l'image d'origine et un filtrage passe-bas en utilisant un SLM analogique. En effet, le filtre à afficher ne doit pas être changé aussi souvent que l'image et l'utilisation d'un SLM plus lent est possible. Toutefois, l'étude quantitative démontre que la précision de calcul reste trop faible pour une exploitation fine de l'image reconstruite. En effet, les opérations classiques de traitement d'image médicale telle que la segmentation ou la détection de front appliquée à l'image reconstruite de manière optique conduisent à des erreurs de classification de l'ordre de 5%, ce qui n'est pas acceptable pour les diagnostics médicaux associés.

En conclusion, ces dispositifs peuvent convenir seulement sur des applications où la vitesse de reconstruction prime sur la qualité de l'image comme l'asservissement en temps réel de l'insertion d'une aiguille par exemple. Toutefois, les difficultés de mise en œuvre comme le speckle, les erreurs liées à l'acquisition quadratique de la caméra avec ou sans multiplexage temporel ou bien encore l'absence d'afficheurs analogiques rapides efficaces [CI16] nous ont conduits à explorer une voie très différente de traitement optique de l'information afin de réaliser la deuxième opération de traitement nécessaire à la transformé de Radon inverse : la rétroprojection.

La rétroprojection par voie optique

La transformée de Radon inverse peut être décomposée en 2 étapes comme on l'a vu dans l'équation (7) : un filtrage et une rétroprojection. Cette dernière opération est très gourmande en temps de calcul avec une complexité en $O(MNK)$ où K est le nombre de projections par sinogramme M et N le nombre de lignes et de colonnes dans l'image reconstruite ou encore $O(N^3)$ lorsque $M=N=K$. Le filtrage de N vecteurs de N points en $O(N^2 Log_2 N)$ est donc négligeable devant la rétroprojection. Plusieurs méthodes ont été développées afin de réduire le temps de calcul de la rétroprojection telle que la méthode du linogram [EDH87], d'autres, plus récentes [BAS00] [DAN97] et dernièrement des méthodes faisant appel aux transformées en ondelettes [ROD03]. Ces méthodes conduisent à une réduction du temps de calcul au coût d'une dégradation de la qualité de l'image.

Très peu d'implémentations optiques de la rétroprojection ont été publiées. Dès 1978, une approche par la transformée de Hilbert a été proposée, mais sa complexité de mise en œuvre la rendue obsolète [NIS78] [NIS89]. Plus récemment, un brevet américain décrit un système relativement proche de celui que nous avons proposé, mais celui-ci est prévu pour fonctionner avec des méthodes itératives préjudiciables à la vitesse de reconstruction [LU91] [LU95].

Le système que nous avons développé repose sur une retranscription matérielle directe de l'algorithme de rétroprojection filtrée. En effet, il suffit de projeter des vecteurs, préalablement filtrés numériquement ou optiquement, selon les angles et d'en faire la somme. Pour cela, 4 à 5 composants optiques/optoélectroniques clefs sont utilisés :

- Un afficheur linéaire pour projeter les vecteurs.
- Un corrélateur de type Vander Lugt « optionnel » permettant de filtrer les vecteurs s'ils n'ont pas été filtrés numériquement avant l'affichage.
- Un prisme de Dove permettant de faire la rotation de ce vecteur selon l'angle choisi.
- Une caméra qui permet de faire la somme de tous les vecteurs rétroprojetés selon les différents angles.
- Un ensemble d'optiques réalisant les adaptations de dimensions entre les différents composants, notamment étirer le vecteur sur la surface totale du capteur de la caméra.

Le dispositif sans option de filtrage optique est représenté Figure 12. Au moment de sa réalisation, le potentiel de calcul de ce système était extrêmement intéressant. En effet, en utilisant un afficheur rapide ferroélectrique ou un afficheur actif à base de LED, les temps de reconstruction sont limités par la vitesse de rotation du prisme de Dove. Avec une vitesse de rotation de 2400 tours par minute, une reconstruction était réduite de

808 ms à 7,2 ms sur des tailles de matrice de 512^2 et 360 angles de projection. Le gain de temps de calcul peut même atteindre un facteur proche de 400 avec une matrice de plus grande taille (1024^2 et 720 angles) en ramenant le temps de calcul de plus de 6 secondes à seulement 16 ms [RI5]. Cette architecture de processeur optique permet donc d'atteindre la vitesse nécessaire à une reconstruction en temps réel de coupe de radiographie en rayon X.

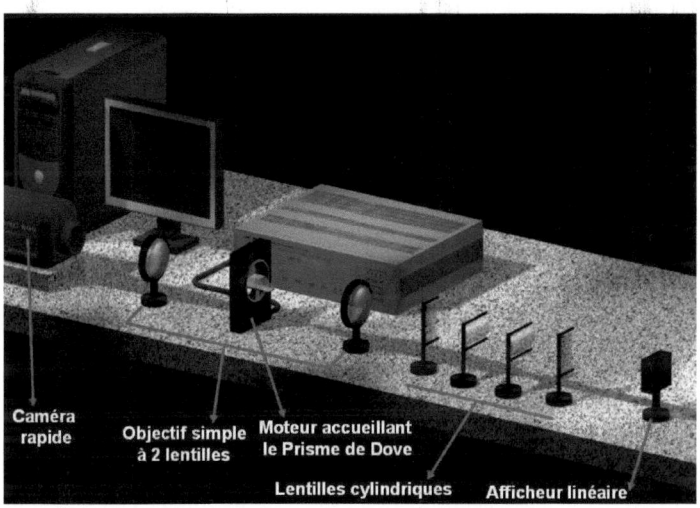

Figure 12 : Système de rétroprojection optique

L'implémentation optique de la rétroprojection bénéficie donc de plusieurs atouts concernant la vitesse : l'accumulation, mais également l'interpolation entre pixels sont des opérations effectuées naturellement par la caméra et la rotation de l'image est effectuée de manière massivement parallèle quasi instantanément par le prisme de Dove. Mais la qualité de reconstruction est très importante pour les applications médicales et les erreurs et artefacts de calculs ne doivent pas conduire à une erreur d'appréciation du praticien qui pourrait avoir de graves conséquences sur l'acte médical et chirurgical. Il est donc nécessaire d'évaluer la qualité de reconstruction des images obtenues avec ce dispositif.

Qualité d'image

La qualité des images reconstruites à l'aide du système de rétroprojection optique dépend de plusieurs paramètres. Cependant, l'étude mathématique est extrêmement difficile à réaliser. C'est pour cela que nous avons créé un modèle Matlab® du système afin d'en évaluer les performances théoriques. Le codage des informations au niveau de l'afficheur n'est pas très critique. En effet, le rapport signal à bruit est bien supérieur à 50 dB avec des éléments standards. Par contre, l'erreur de positionnement du moteur induit un bruit important, en effet, elle doit être maintenue à moins de 0,1° afin de garder un rapport signal à bruit supérieur à 20 dB, de même que l'erreur d'alignement du prisme de Dove (voir Tableau 5).

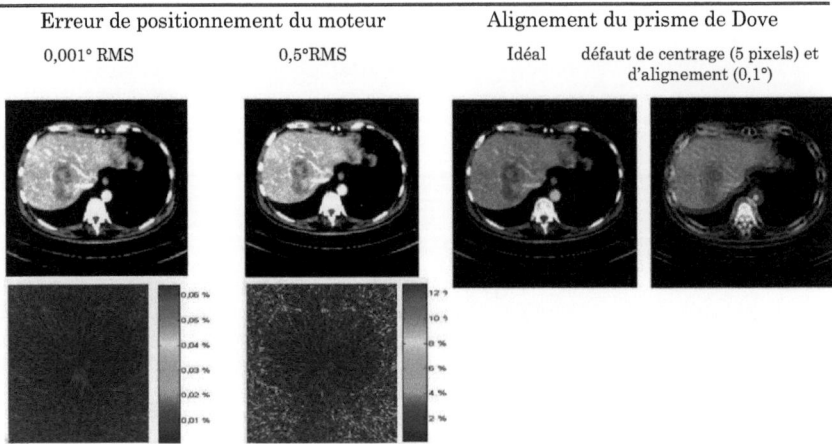

Tableau 5 : Simulation de la qualité des images en fonction des erreurs de positionnement du moteur (à haut à gauche) avec différences relatives par rapport à l'image idéale (en bas à gauche), et en fonction de l'alignement du prisme de Dove (à droite)

Les résultats de simulation étant encourageants, nous avons réalisé un système expérimental fonctionnant à vitesse réduite. Ce système est constitué d'une LED de puissance comme source de lumière incohérente déportée par une fibre optique, un SLM à cristaux liquides nématiques, un prisme de Dove monté sur une plateforme de rotation Newport [NEW10] et une caméra CCD classique, le tout étant piloté sous le logiciel Labview®. Les résultats sont présentés sur la Figure 13.

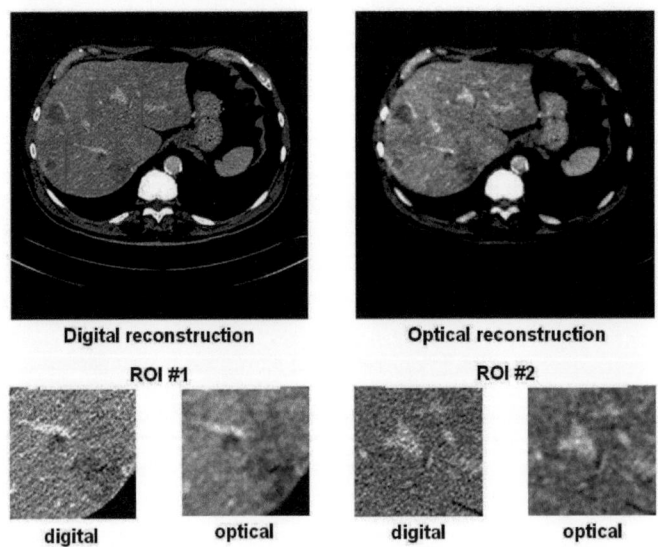

Figure 13 : Reconstruction d'une image médicale à l'aide du processeur optique expérimental de rétroprojection

A part un effet de flou causé par un mauvais alignement des optiques de notre dispositif expérimental, l'image est reconstruite relativement fidèlement. En effet, on distingue parfaitement les tumeurs dans les régions d'intérêt 1 et 2 de la Figure 13. Au vu des résultats très encourageants obtenus à l'aide du processeur de rétroprojection optique expérimental, nous avons réalisé un système de reconstruction complet d'images médicales issues des scanners à rayons X à faisceau conique.

Système hybride optoélectronique de reconstruction complet
La transformée de Radon inverse exécutée par le système de rétroprojection décrit précédemment suppose une géométrie des faisceaux parallèle et en 2D. Or la plupart des scanners utilisent une source de rayon X ponctuelle et fonctionnent dans le mode *« fan-beam »* ou plus couramment le *« cone-beam »*. Sans entrer dans les détails de ces algorithmes [DEF94] [KUD94] [FEL84], il est possible de passer de la configuration 3D *« cone beam »* à la géométrie 2D parallèle en recombinant les données du sinogramme et en y appliquant des corrections. Nous avons décidé d'implémenter l'algorithme ASSR (« *advance single-slice rebinning* ») dont la qualité de reconstruction reste très bonne pour des ouvertures modérées de cône du faisceau de rayons X [BRU00]. Toutefois, les autres algorithmes peuvent êtres également implémentés dans le processeur hybride décrit sur la Figure 14.

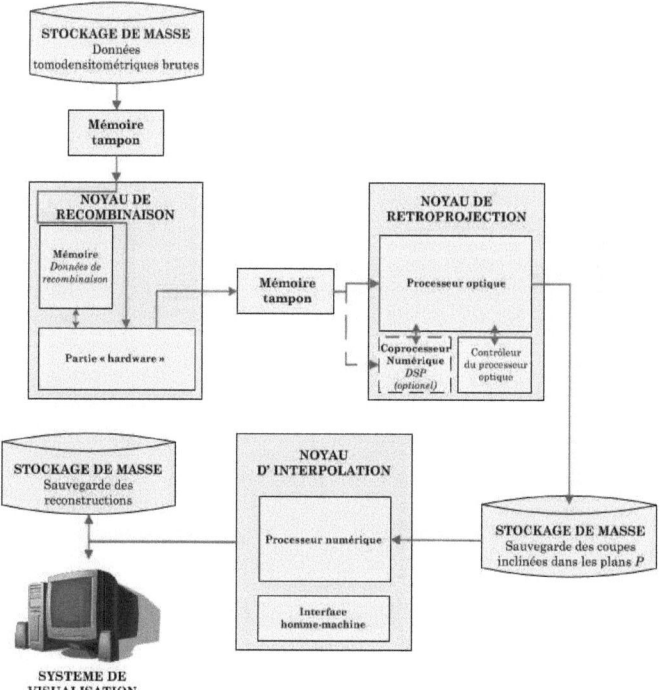

Figure 14 : Architecture globale du processeur optoélectronique ASSR

Le noyau de recombinaison de la Figure 14 permet de convertir les sinogrammes bruts issus des scanners en sinogrammes équivalents à une géométrie parallèle 2D. Nous avons proposé une solution matérielle à base de FPGA et des mémoires associées qui permet de réaliser cette opération. Le filtrage des vecteurs peut être réalisé numériquement par des DSP (*Digital Signal Processor*) de préférence ou par voie optique en utilisant une source de lumière cohérente. Le noyau de rétroprojection optique est celui décrit précédemment. Finalement, le noyau d'interpolation reconstruit la vue 3D en corrigeant l'inclinaison des plans inclinés. Le détail de cette architecture et sa modélisation ont été publiés dans [RI7]. La qualité des images reconstruites avec ce système est principalement limitée par le noyau de rétroprojection optique décrit dans le paragraphe précédent. On retrouve donc principalement un effet de flou qui permet tout de même d'obtenir une précision de plus de 95 % sur les paramètres géométriques des formes d'un objet test. Cette qualité d'image est rendue possible grâce à l'originalité de l'approche sur ce processeur optique qui permet d'utiliser une source de lumière incohérente lorsque l'opération de filtrage est effectuée numériquement. La capacité de calcul de ce processeur optoélectronique réalisé avec l'état de l'art des composants disponibles en 2008 conduit à une vitesse de reconstruction complète des images en 3 dimensions de seulement 650 ms à comparer avec les 90 secondes nécessaires au système commercial de Siemens Syngo Explorer [SEN04]. Etant donné le potentiel de cette architecture, un brevet [B1] a été déposé.

La réalisation de processeurs optiques requiert l'utilisation de caméras et d'afficheurs rapides. L'état de l'art des caméras rapides du Tableau 1 indique que la technologie des caméras est suffisamment mature et avancée pour offrir des performances très intéressantes. Par contre, l'offre en matière d'afficheurs rapides disponibles sur le marché est actuellement très réduite. Le matériel disponible au moment du projet ne donnant pas entière satisfaction, nous avons développé une technique permettant d'améliorer la qualité d'image qu'il produit. Par ailleurs, nous avons exploré et validé une nouvelle technique permettant de réaliser un afficheur rapide à l'aide de cellules de cristaux liquides ferroélectriques.

L'affichage rapide
Nous avons vu précédemment que la mise en œuvre de SLM binaires dans le traitement optique de l'information est délicate, et l'utilisation de SLM à plusieurs niveaux de gris reste incontournable dans le cadre des processeurs optiques.

Fabricant	Techno	Résolution	Pixel	Dynamique	Cadence
BNS	NLC	512×512	15µm	9 bits	30 Hz
BNS (matériel testé)	FLC	512×512	15µm	8 bits	1015 Hz
Holoeye	NLC	1920×1200	8,7µm	8 bits	60 Hz
Holoeye	NLC	1280×768	20 µm	8 bits	180 Hz (tr = 3 ms)
Displaytech	FLC	1280×768	13,2µm	Binaire	3 kHz
DLP	DMD	1280×1024	10 µm	Binaire	66 kHz
Boston micromachine	MLM	32×32	100 µm	Binaire	7 kHz
Lenslet	MQW	288×132	65 µm	2 bits	300 kHz
Lenslet	MQW	256×256	65 µm	8 bits	50 kHz
Hamamatsu	NLC	800×600	20 µm	8 bits	60 Hz

Tableau 6 : SLM rapides disponibles sur le marché en 2010 [BOU10], [HOL10], [DLP10], [BOS10], [HAM10]

Or, encore à ce jour, il n'existe qu'une seule solution commerciale de SLM analogique, le SLM de Boulder Non linear System (SLM BNS) qui annonce un taux de rafraichissement de plus de 1000 images par seconde avec une résolution spatiale de 512×512 pixels pour une résolution radiométrique de 8 bits [BAU00] [LIU85] [BIG02] [BOU10] (voir Tableau 6).

Caractérisation du SLM BNS

Une collaboration avec le groupe FOTI du laboratoire MIPS de l'université de Haute Alsace nous a permis d'accéder à ce dispositif. Sa caractérisation à l'aide du banc de mesure faisant intervenir une caméra vidéo rapide (voir Figure 15) a mis en évidence de nombreux défauts de réponse des pixels, de dérive de synchronisation et de rémanence. Les défauts sont soit locaux (pixel mort ou chaud), soit étendus sur une surface plus ou moins grande. Les défauts locaux ne sont pas critiques et peuvent être facilement corrigés dans certains cas [PAU01] tandis que les défauts surfaciques introduisent des non-uniformités qui affectent considérablement les performances d'un système optique [DEM97]. Ces défauts sont introduits lors de la fabrication des SLM comme la planéité des optiques ou bien des gradients dans les propriétés du substrat [SAK99] [TAD05] [UND94].

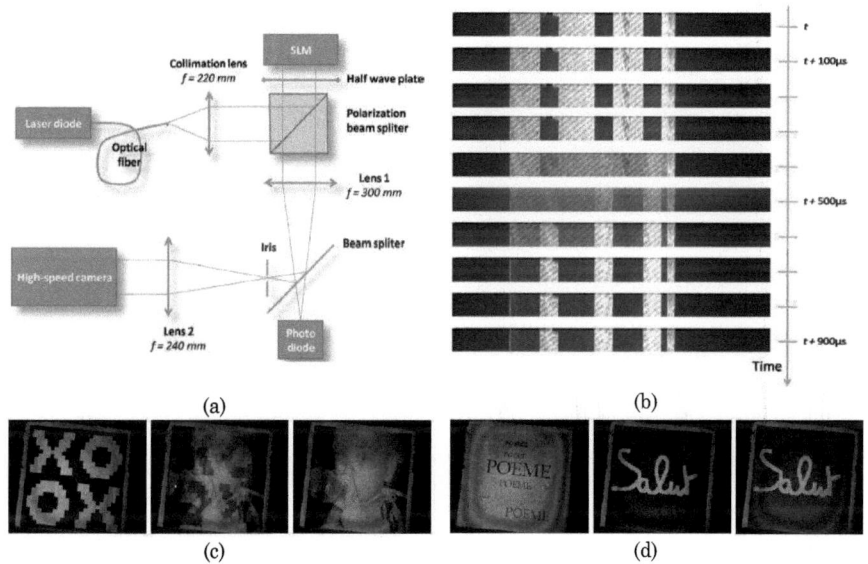

Figure 15 : Dispositif expérimental de caractérisation spatio-temporelle du SLM BNS (a), mise en évidence de la vitesse de commutation (b), mise en évidence du problème de rémanence avec une image initiale, l'image suivante puis cette même image réaffichée une 2ème fois (c et d).

Caractérisation temporelle

Sur la Figure 15 (b), à l'instant $t=0$, l'électronique du SLM indique par un signal logique que l'image est affichée, or on remarque que la transition ne s'effectue que vers 400 µs. Ce retard qui dépend énormément de la température de l'afficheur peut être facilement compensé par l'ajout d'un retard équivalent pour le déclenchement de la caméra vidéo ou de la source lumineuse. Sur cette même figure, on peut également observer la durée de la transition qui est évaluée à 300 µs, ce qui est conforme à la fréquence maximale annoncée de 1015 Hz. Une caractéristique essentielle des FLC est qu'il est nécessaire de leur appliquer une tension moyenne nulle. En effet, dans le cas échéant, la migration ionique dans les cristaux conduirait à un piégeage des ions au niveau des interfaces et à terme la destruction de la matrice. C'est pour cela qu'une image et son négatif sont systématiquement affichés l'un après l'autre. Sur les Figure 15 (c) et (d) on aperçoit une rémanence du négatif de l'image initiale sur les images affichées immédiatement après. Puis ce phénomène disparait si on affiche cette image une 2ème fois.

Caractérisation radiométrique et spatiale

L'étude radiométrique du SLM indique un comportement fortement non linéaire qui varie avec la fréquence de travail et la température. Ce problème est connu et a été pris en compte par le fabricant : une table de correction (LUT) permettant de linéariser la réponse est incluse au logiciel de pilotage. Cependant, ce système ne prend pas en compte les non-uniformités spatiales visibles sur la Figure 16. On distingue en effet plusieurs zones pour lesquelles la réponse du SLM diffère. De plus, un défaut de planéité engendre des figures d'interférences sur les bordures en éclairage cohérent.

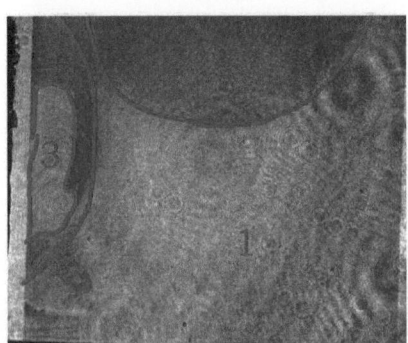 

Figure 16 : Etude de la non-linéarité spatiale, image uniforme au niveau de gris 150 (à gauche) et réponse du SLM après correction proposée par le constructeur selon les différentes zones indiquées

La correction que propose le constructeur est globale. En effet, la correction apportée sur la zone 1 est relativement bonne. Mais ce système est très limité pour les zones dont le comportement est différent. Nous avons donc proposé une méthode générale de caractérisation et d'amélioration de l'affichage des SLM à partir d'une LUT spatiale fonctionnant par zone déterminée par des classes de pixels présentant des comportements identiques [CI16]. Cette méthode prend également en compte les effets de rémanence afin d'obtenir la linéarisation optimale [RI8]. La méthode de correction par zone donne paradoxalement de meilleurs résultats que la correction pixel par pixel. En effet, les défauts d'alignement des optiques sont moyennés et le temps de calcul de la LUT ne prends que quelques minutes alors qu'il faut plusieurs heures sur un PC standard de 2010 (Core 2 DUO @ 2 GHz) pour le calcul d'une LUT pixel par pixel.

Amélioration de la qualité d'image générée par le SLM BNS

Nous avons proposé une architecture matérielle à faible coût permettant d'achever la correction à la volée et à haute vitesse de la nonlinéarité (Figure 17). Elle est basée sur un FPGA et une mémoire de type SRAM et permet à l'aide d'une approche « pipeline », de corriger 200 Mpixels/s ce qui correspond à environ 760 ips, ce qui est très proche du taux de répétition maximale de 1015 ips du SLM. Toutefois, en parallélisant cette architecture, nous avons montré qu'il est possible de monter le taux à 1 Gpixel/s sur un FPGA à faible coût *Cyclone 2* et à plus de 4,8 Gpixel/s sur un FPGA haut de gamme *Stratix II*. Cela permettrait d'obtenir un taux de près de 5000 images/s avec une résolution de 1024×1024 pixels ce qui garantit la pérennité de cette approche.

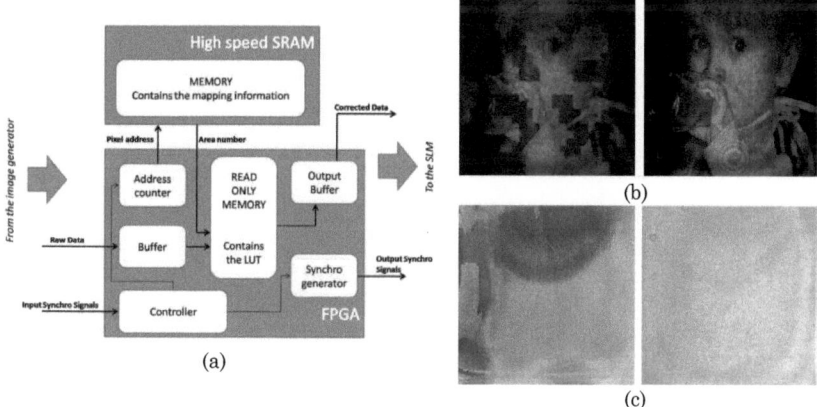

Figure 17 : Amélioration de la qualité d'image générée par le SLM, dispositif de correction par LUT spatiale (a), comparaison entre une image non corrigée (à gauche sur (b)) et une image corrigée en rémanence, uniformité, linéarité et synchronisation (à droite sur (b)), comparaison entre une image uniforme non corrigée (à gauche sur (c)) et corrigée (à droite sur (c))

Comme on peut le voir sur la Figure 17 (b), ce procédé améliore très sensiblement la linéarité et diminue très fortement la rémanence. De plus, elle permet de réaliser un gain de 2 environ sur l'uniformité de l'image (Figure 17 (c)). Cette méthode d'amélioration de la qualité d'affichage des SLM peut être totalement généralisée à n'importe quel type d'afficheur qui aura été caractérisé à l'aide d'un banc de test similaire à celui décrit sur la Figure 15.

La vitesse et la qualité d'affichage obtenues avec le SLM BNS sont relativement loin des spécifications du constructeur. En effet, à la fréquence de fonctionnement maximale de 1015 Hz, la dynamique est plutôt limitée à 5-6 bits et la vitesse et les effets de rémanence sont très gênants. Cependant, la société Boulder Non Linear System étant la seule au monde à proposer un SLM rapide analogique, le prix de vente est proche de 30 k€. La méthode utilisée par BNS ne donnant pas entière satisfaction, nous avons exploré une nouvelle technique innovante de pilotage des cellules de FLC afin de pouvoir générer des niveaux de gris.

Afficheurs rapides analogiques à base de FLC

Le SLM BNS testé emploie des cristaux liquides ferroélectriques (FLC) qui présentent normalement uniquement deux positions de repos. Le SLM parvient à afficher plusieurs niveaux de gris en utilisant un défaut des grains de cristaux. En effet, il existe des micro-domaines dans lesquels les forces d'accrochage des cristaux varient. Par conséquent, les cristaux ne pivotent pas tous exactement à la même tension et cette distribution statistique gaussienne permet de moduler la proportion de lumière qui subit une rotation de polarisation [BAU00]. Cependant, la qualité de cette reconstruction provient d'un défaut et de sa distribution statistique [ZHA99].

La théorie des FLC est bien connue et elle nous a permis d'écrire un modèle VHDL-AMS relativement précis décrivant le comportement des cellules FLC. Le modèle uniforme décrit l'énergie interne W du cristal liquide par l'équation (19) [SPR88] [PAU89] :

$$W = -EP_S \cos\varphi - \frac{\gamma}{d}\cos^2\varphi \qquad (19)$$

Où E est le champ électrique appliqué entre les électrodes, P_S la polarisation spontanée apparaissant dans la cellule, γ un coefficient représentant les forces d'ancrage, φ l'angle d'orientation des molécules et d l'épaisseur de la cellule. Le premier terme traduit la tendance qu'ont les molécules à s'orienter dans le sens du champ électrique appliqué tandis que le second terme traduit la tendance qu'elles ont à s'aligner parallèlement aux électrodes. Dans le cas des FLC, le coefficient γ est positif, ce qui conduit à un comportement bistable (φ =0 et φ =π). En appliquant le théorème d'Euler-Lagrange à l'équation ((19)), on obtient l'équation différentielle temporelle de φ [PAU89] :

$$\eta \frac{\partial \varphi}{\partial t} = EP_s \sin\varphi - \frac{\gamma}{d}\sin 2\varphi \qquad (20)$$

Où η est la viscosité du cristal liquide. La température est un élément important, car elle fait varier la viscosité des cristaux liquides, l'angle de précession et la polarisation spontanée qui apparaît. Les lois de variation de ces grandeurs en fonction de la température se trouvent dans la littérature [ESC88] [SPR88]. Un modèle de l'électronique d'accès donné dans [EFR94] permet d'obtenir la tension réelle aux bornes de la cellule. Notre modèle inclut également une description de l'agitation thermique des molécules et du transport ionique [MAX91] adaptée aux spécificités du VHDL-AMS. Finalement, la partie optique est modélisée à l'aide de la matrice de Jones d'une lame quart d'onde [HUA94]. Le modèle VHDL-AMS d'une cellule FLC développé fait intervenir environ 30 paramètres physiques [CI12]. Ce modèle nous a servi de prototype virtuel [CI13] et nous a permis de définir une modulation originale du signal de pilotage des cellules ferroélectriques afin d'obtenir également des positions intermédiaires et donc des niveaux de gris. Son principe est décrit sur la Figure 18. Il consiste à appliquer une tension faisant basculer les cristaux liquides pendant une durée bien déterminée. La dynamique électromécanique des cristaux liquides permet de figer la position des cellules lors de leur basculement en faisant suivre cette impulsion d'une tension alternative à moyenne nulle [RI6]. Bien entendu, une impulsion de même durée et de polarité opposée doit être appliquée afin d'éviter le problème de migration ionique.

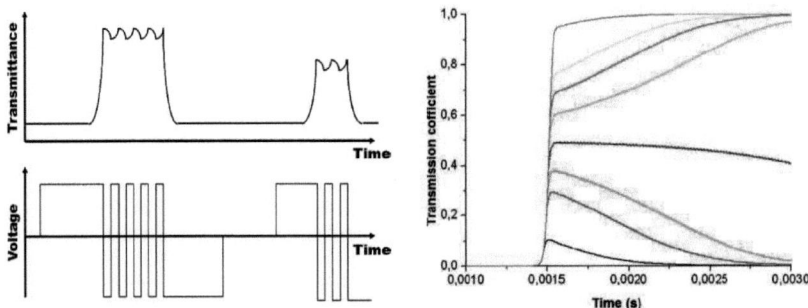

Figure 18 : Principe de la commande analogique (à gauche). Exemple de réponse obtenue à l'aide d'une tension de 4 V de durée variable suivie d'une tension de maintien alternative à 10 MHz (à droite). La durée de l'impulsion varie de 515 µs (en bas) à 570 µs (en haut) par pas de 8 µs (courbes intermédiaires)

Cette méthode est entièrement basée sur la réponse dynamique des cristaux, et non plus sur des défauts de granularité. Le modèle indique toutefois qu'une stabilité en température de l'ordre de 0,5° ou bien l'utilisation d'un système de contre-réaction sont nécessaires afin de garantir le niveau réel de gris affiché. L'instabilité des FLC ne permet de maintenir leur position que sur une durée de quelques centaines de microsecondes avec cette méthode ce qui n'est toutefois pas très limitant dans le cas des afficheurs rapides. Faute de disponibilité de cellules FLC « nues » et de temps, cette étude est restée à l'état de prototypage virtuel. Cependant, il faut remarquer que contrairement aux méthodes analogiques proposées précédemment [PAU00], notre technique permet d'obtenir un vrai niveau de gris à l'aide d'une réelle rotation de l'orientation des molécules.

Conclusion sur la vidéo et l'affichage rapide

L'abandon de la conception de caméra vidéo rapide au profit de leur intégration dans des systèmes complexes est la voie à suivre pour l'activité *vidéo rapide* du laboratoire. L'explosion du marché des caméras vidéo rapides engendrée par l'avènement des capteurs CMOS a fortement atténué l'intérêt d'un axe de recherche consacré uniquement à la conception des caméras. En effet, plusieurs grands constructeurs et fondeurs de circuits intégrés ont emboité le pas et délivrent une nouvelle version de leurs capteurs quasi annuellement. La sortie récente de capteurs vidéo rapides à la résolution dédiée au format Full-HD de 1920x1080 indique l'intérêt de l'industrie cinématographique classique pour ce nouvel outil et prédit la présence de scènes dites de « *slow motion* » spectaculaires dans les films à venir. Par ailleurs, les travaux décrits dans ce chapitre démontrent l'intérêt de la mise en œuvre des caméras et afficheurs rapides dans des systèmes hétérogènes. Que ce soit pour la caractérisation de surface microscopique en temps réel ou bien la réalisation de processeurs optoélectroniques, les compétences requises sont complexes, mais la production scientifique de cet axe témoigne de leur maîtrise.

Depuis 1999, l'équipe d'imagerie rapide renforcée par la fusion des laboratoires PHASE et LEPSI s'est lancée dans la conception et la réalisation de capteurs imageurs ultrarapides dépassant de loin les résolutions temporelles et les taux d'échantillonnage de caméra vidéo rapide du commerce. C'est l'activité de capteurs intégrés ultrarapides.

5. Capteurs intégrés ultrarapides

Introduction

Le débit de données atteint par les caméras vidéo rapides est de l'ordre du Gigapixel/s à 10 Gigapixel/s pour les plus rapides. Ce taux est principalement limité par la bande passante du bus d'entrée/sortie au niveau du capteur. Des travaux récents de compression des données en interne pour réduire le débit et augmenter ainsi le taux d'images permettent de pousser un peu cette limite [NIS07]. Mais ce n'est qu'avec la structure radicalement différente des capteurs intégrés ultrarapides qu'il est possible d'atteindre des taux d'échantillonnage beaucoup plus élevés. Ces capteurs stockent l'information sur la puce (« *on chip* ») avant d'être lus à vitesse réduite.

Les capteurs optiques intégrés ultrarapides permettent de capturer la lumière à un très haut taux d'échantillonnage, typiquement de l'ordre du GHz, sur quelques centaines de voies à la fois, ou toute autre combinaison qui maintient le débit total aux alentours de 1 Tera-échantillons/s, comme par exemple, la prise d'image en 2D de plusieurs centaines de milliers de pixels à près de 1 million d'images par seconde. Avec de tels débits, équivalents à celui d'une centaine de modules de télécommunication dernier cri à 100 Gb/s, il est actuellement pratiquement impossible de sortir les informations à la volée. En effet, les circuits de transmission actuels fonctionnant à ces vitesses consomment plus de 1 W chacun [MEG04] et occupent une surface supérieure au mm^2 [HAL06] [SWA09]. Multiplier par 100 ces données afin de paralléliser les transmissions conduit à des consommations et des surfaces de circuits intégrés déraisonnables de plus de 100 W et de 100 mm^2 juste pour la transmission des données. D'autant plus que les technologies utilisées, dont les fréquences de transition f_t des transistors dépassent largement les 300 GHz [LAI07] [FEN07] [GRI07], sont relativement coûteuses (InP HEMT [SUZ04], InP DHBT [MAK08], SiGe 0,13 µm [MOL08], ...). On comprend donc bien la nécessité du stockage *in situ* pour les capteurs intégrés ultrarapides qui permet de contourner le goulet d'étranglement que représente l'extraction des données du capteur. Ce principe d'acquisition est d'ailleurs généralisé à tous les capteurs imageurs atteignant ce taux d'échantillonnage comme les caméras intensifiées à obturation ultrarapide et les caméras à balayage de fente conventionnelles. Ces technologies feront l'objet du prochain chapitre, alors que celui-ci ne traite que des capteurs intégrés sur puce silicium ou autre substrat microélectronique.

Les caméras vidéo intégrées ultrarapides

Historique et principe de fonctionnement
Les caméras vidéo intégrées ultrarapides réalisent des acquisitions à très haute cadence à l'aide du concept de stockage *in situ*. Les travaux les plus anciens datent des années 1990 [ELL94] et les caméras intégrées affichant 1 million d'images par seconde ont vu le jour vers la fin de cette décennie [LOW97]. Cependant, les systèmes les plus avancés dans ce domaine sont ceux du professeur Etoh qui développe depuis le début des années 2000 des caméras fonctionnant à 1 million d'images par seconde [ETO99]. L'architecture type du capteur et un exemple d'acquisition sont donnés sur la Figure 19 [ETO03]. Un pixel est constitué d'une zone photosensible (la photodiode) à laquelle on a adjoint un registre CCD (*linear CCD storage*) qui permet de stocker une centaine d'images différentes en continu durant l'acquisition. En effet, un drain à la fin du registre permet d'absorber les charges des images précédentes. Lors de la lecture, la fin du registre est dirigée, à l'aide d'un convoyeur (*CCD switch*) vers un autre registre CCD qui transfère les charges vers la sortie. La lecture du capteur étant opérée à faible vitesse. La configuration des pixels donne une topologie particulière où la grille des photodiodes n'est pas alignée avec le plan du capteur.

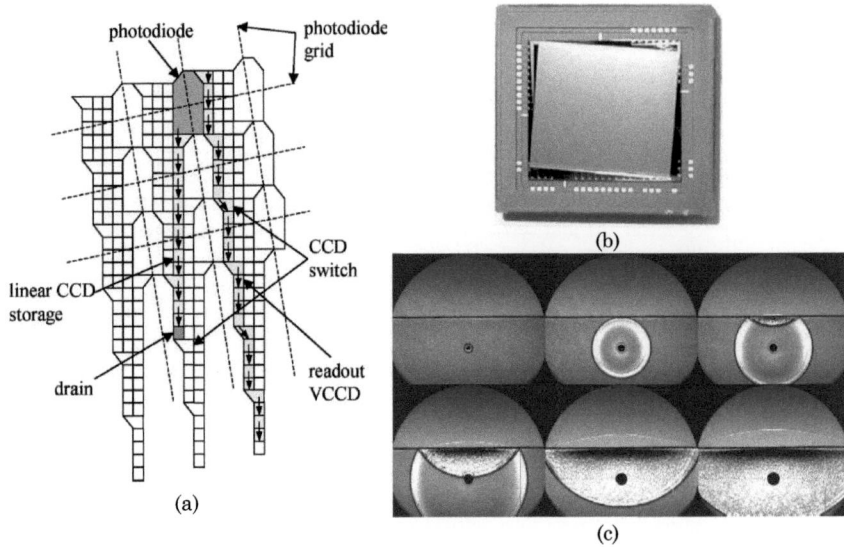

Figure 19 : Architecture et photographie (b) du capteur vidéo rapide développé par Etoh. Exemple d'acquisition à 500000 ips de la propagation d'une onde de choc à la surface de l'eau (c). On y distingue parfaitement les différences de vélocité des ondes dans l'eau et l'air [ETH03].

La qualité des images obtenues à l'aide de ce capteur lui a permis d'avoir une multitude d'applications, dans la physique des plasmas [SHI07] et notamment en dynamique des fluides [THO05] [THO07] [THO08] où l'on peut voir des images exceptionnelles.

Les limites et améliorations
La contrepartie de ce taux d'échantillonnage extrême est une profondeur de mémoire limitée à celle disponible dans le circuit. Certains capteurs ont des tailles de mémoires très limitées de 8 [DES09] ou 12 [LOW04] images, alors que les plus grandes profondeurs de mémoires ne sont que de 300 images environ [LOW04]. Cependant, la majorité des applications se contentent parfaitement d'une séquence vidéo de quelques images et l'on exploite typiquement qu'une vingtaine d'images de l'acquisition. La difficulté réside plutôt dans la synchronisation de la caméra avec les événements à observer. Le bon déclenchement de la caméra devient primordial afin de ne pas rater l'enregistrement du phénomène et peut devenir relativement complexe si ce dernier est assez aléatoire. [KAR07].

Les développements sur ces capteurs sont très avancés. Le groupe du professeur Etoh à conçu 12 versions différentes en moins de 10 ans dont une version couleur en technologie tri-CCD à 80000 pixels et une autre à filtre Bayer [KIT07] à 300000 pixels. Cette dernière caméra utilise deux capteurs 150000 pixels découpés de manière très précise et placés bout à bout. Récemment, l'ajout d'une matrice de microlentille a permis de doubler la sensibilité [HAY08]. Mais le développement le plus intéressant est probablement la très récente version de capteur rétroéclairé par l'arrière (*Backside illuminated*) qui offre un facteur de remplissage de 100 % et un rendement quantique de 30 % à comparer aux respectivement 13 % et 20 % des versions classiques [LE09]. Ce capteur intègre également un registre à multiplication d'électrons par effet d'avalanche [HYN93] qui permet au final d'être environ 260 fois plus sensible que les versions précédentes [ETO05]. En effet, le problème récurrent de l'imagerie rapide est probablement la sensibilité des capteurs, car sous un éclairage statique, un temps d'intégration court induit forcément une faible énergie lumineuse reçue.

Un test de la caméra commerciale basée sur ces capteurs a été réalisé par un laboratoire américain [FRA07]. Il ressort de cette étude que la caméra à miroir rotatif, conçue dans les années 1940 [MIL46][BRI55], présente encore des performances supérieures à la caméra CCD ultrarapide notamment en termes de résolution spatiale et de dynamique radiométrique. Les auteurs reconnaissent toutefois que le potentiel des caméras à capteurs intégrés ultrarapides est intéressant et que leur mise en œuvre est beaucoup plus simple. Le principe de fonctionnement d'une caméra à miroir rotatif est donné sur la Figure 20. Un miroir au béryllium tournant à très haute vitesse (jusqu'à 20 000 tours par seconde soit 1,2 million de tours par minute !) réfléchit l'image de la scène observée sur un film photographique. Les caméras les plus rapides comme les modèles Cordin 119 (à film argentique) et 510 (à capteur CCD) acquièrent une centaine d'images au taux de 25 millions d'images/s [COR10]. L'utilisation d'une telle caméra demande une certaine expertise, en effet, on déclenche l'événement à partir d'un signal délivré par la caméra, car on ne peut pas synchroniser la rotation du miroir.

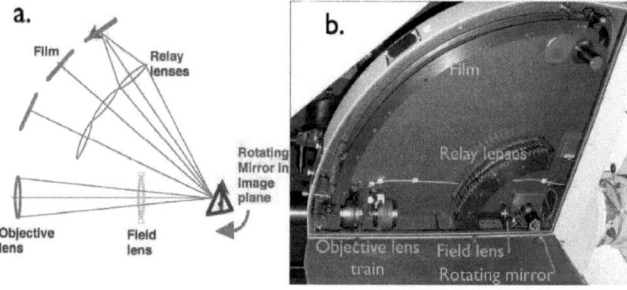

Figure 20 : Principe de fonctionnement d'une caméra à miroir rotatif (Cordin 121)

La résolution temporelle des caméras vidéo ultra-rapide à technologie CCD plafonne à environ une microseconde. Certains travaux ont poussé le concept jusqu'à 5 millions d'images/s [LOW04] et des études théoriques indiquent que la vitesse maximale sera limitée à 100 millions d'images/s au détriment d'une qualité d'image dégradée [SON10]. En effet, les registres CCD, malgré leurs canaux enterrés, ne peuvent garantir un bon transfert de charges en haute fréquence. De plus, le pilotage des électrodes doit être réalisé à l'aide de couche de métaux spécifiques à ces fréquences, car le réseau distribué RC des couches de polysilicium, généralement utilisées dans les capteurs CCD, filtre trop fortement le signal. Les groupes de recherche utilisent pour fabriquer ces capteurs un processus technologique totalement dédié, et donc relativement coûteux (canaux enterrés, électrodes métalliques, wafer aminci et rétroéclairé, etc.).

L'alternative : la technologie CMOS

D'autres travaux utilisent les technologies CMOS standard pour réaliser des capteurs vidéo ultrarapides. Sans relancer l'éternel débat CCD contre CMOS, force est de constater que les capteurs CMOS ont des applications plus variées que leurs confrères [BIG05]. En effet, les technologies CMOS fortement submicroniques permettent soit de réaliser des pixels de plus en plus petits, soit d'intégrer de plus en plus de transistors au sein du pixel. Réduire la taille du pixel en dessous de 4 à 5 µm n'a pas de sens, car les optiques ne permettent pas d'obtenir facilement de telles résolutions. Par contre, augmenter le nombre de transistors permet d'envisager de nouveaux systèmes. De plus, les transistors CMOS, lorsqu'ils travaillent en égalisation de potentiel, offrent de très larges bandes passantes, bien supérieures au GHz. C'est cette approche qui a permis d'approcher dans un premier temps, puis de pulvériser la barrière des 10 millions d'images/s. Un démonstrateur de 12 par 12 pixels fonctionnant à plus de 10 Mips avec une profondeur de mémoire de 64 images pour un pixel de 200 µm x 200 µm a été réalisé en technologie 0,35 µm en 2004 [KLE04a].

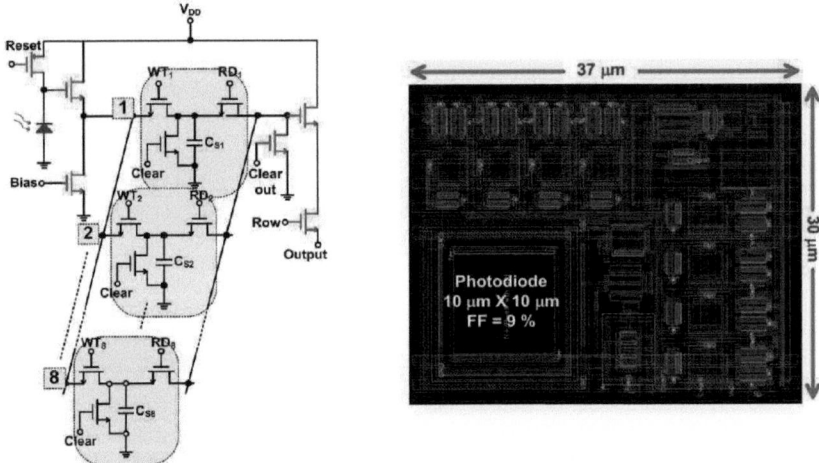

Figure 21 : Détail d'un pixel à 38 T de capteur vidéo CMOS ultra rapide contenant 8 images *in situ* échantillonnées a 1,25 milliard d'images/s en technologie 0,130 µm [DES09].

Mais ce n'est que très récemment, en 2009, que le premier capteur vidéo intégré ultra rapide affichant plus de 1 milliard d'images/s pour une matrice de 32x32 pixels fut créé en technologie CMOS 0,130 µm [DES09]. Le détail d'un pixel qui comporte par moins de 38 transistors est donné sur la Figure 21. La tension d'une photodiode en mode d'intégration est recopiée par un étage suiveur, puis des cellules d'échantillonnage intégrant un transistor d'obturation (WT$_i$) avec i∈[1 : 8] stockent la tension image du potentiel de la photodiode les unes après les autres. Un système numérique, à base de registres à décalage cadencés à 1,25 GHz par un oscillateur commandé en tension (VCO) interne, génère les signaux de commande WT$_i$ ainsi que le signal de reset de la photodiode d'une durée de 400 ps entre chaque image. La lecture se fait à basse vitesse en activant tour à tour les transistors de lecture RD$_i$. La technologie utilisée, fortement submicronique, permet d'obtenir un pixel de taille de 37x30 µm² relativement petite. Néanmoins, le facteur de remplissage reste faible (9%) et cela, avec seulement 8 images enregistrées. Une profondeur de mémoire plus importante pose donc des problèmes en termes de sensibilité et de coût. Ce constat est un grand classique de l'imagerie ultrarapide : « pour gagner en vitesse, il faut accepter de perdre une information spatiale ». C'est l'application de ce compromis qui a conduit au principe des caméras à balayage de fente (CBF).

Le mode « balayage de fente »

On peut comprendre l'intérêt et le principe du balayage de fente à l'aide de la Figure 22. La même scène est enregistrée avec une caméra à miroir rotatif en mode vidéo et une autre en mode balayage de fente. Le mode balayage de fente fournit des informations temporelles supplémentaires entre les images au détriment d'une perte de l'information spatiale selon un axe. L'image obtenue est donc une image dont l'axe vertical est l'image de la fente représentée en fonction du temps sur l'axe horizontal. Pour passer d'une caméra à miroir rotatif en mode vidéo à une caméra à balayage de fente, il suffit de placer une fente à l'entrée de la caméra, qui sélectionnera une tranche spatiale, et de changer les optiques relais par une unique placée entre la fente et le miroir. Ainsi, la structure plus simple de l'appareil permet d'obtenir de meilleures résolutions temporelles. En effet, une caméra à miroir rotatif en mode balayage de fente permet d'obtenir des résolutions temporelles de l'ordre de 500 ps/pixel (model Cordin 131-HD) soit l'équivalent de 2 milliards d'images/s, deux ordres de grandeur au-delà du taux d'image maximal.

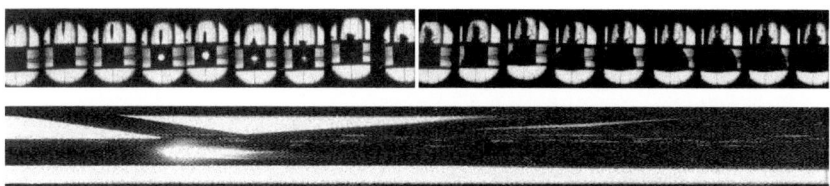

Figure 22 : Acquisition balistique d'une balle heurtant un explosif situé entre deux plaques d'acier. Enregistrement à l'aide d'une caméra à miroir rotatif en mode vidéo rapide à 100000 ips (en haut), en mode caméra à balayage de fente à 0,53 mm/µs (en bas).

Il est possible de réaliser ce mode de balayage de fente à l'aide de différentes technologies comme les tubes à vide, qui font l'objet du prochain chapitre, des micromiroirs (MEMS) [LAI92] [LAI03] [LAI07] ou bien les capteurs intégrés ultras rapides.

Les caméras à balayage de fente intégrées

Contexte

Les caméras à miroir rotatif ont été développées aux États-Unis dans les années 1940 pour le projet Manhattan [MIL46] et depuis le principe d'acquisition est resté le même. La dernière évolution technique date des années 1970 [FRA07]. C'est donc une technologie mature qui a atteint ses limites physiques et qui n'évolue plus.

Les CBF à tube, que nous appelons « caméra à balayage de fente conventionnel » sont également apparues à la fin des années 1940, début des années 1950. Depuis, bien que de nombreuses améliorations techniques aient été proposées, le principe de fonctionnement n'a pas fondamentalement changé. Celui-ci est décrit dans le prochain chapitre. Cette technologie a également atteint un degré de maturité important et surtout un niveau de performances exceptionnel. Beaucoup de groupes de recherche travaillent encore à pousser un peu plus les capacités de cette technologie vers sa limite physique de 10 fs, prédite il y a 50 ans par Zavoski [ZAV55][ZAV56][ZAV65]. Néanmoins, les difficultés techniques pour atteindre la résolution temporelle de 100 fs sont extrêmement difficiles à résoudre [AGE09]. Les performances actuelles des CBF sont données sur le Tableau 7.

Domaine spectral	Des rayons X, UV, visibles, proches infrarouge et infrarouge lointain, en fonction du type de photocathode
Résolution spatiale	De 25 µm (résolution nanoseconde) jusqu'à 100 µm (résolution picoseconde)
Résolution temporelle	De 200 fs (simple tir, faible SNR) ou 2 ps (mode synchroscan, haut SNR) à 300 µs
Sensibilité	Détection de photon unique. (L'efficacité quantique dépend du type de photocathode)
Taux de répétition	Du simple tir jusqu'à 100 MHz (mode synchroscan)
Vitesse de balayage	De 5 ps/mm (unité de balayage rapide) jusqu'à 5 ms/mm (unité de balayage lente)
Fenêtre d'observation	De 30 ps à 175 ms en fonction de la vitesse de balayage et de la taille de l'écran généralement comprise entre 9 et 35 mm

Tableau 7 : Performances actuelles des CBF.

Ces performances exceptionnelles ont un coût technologique, matériel et salarial important. En effet, la fabrication du tube à vide des CBF est délicate et il arrive assez souvent qu'un fabriquant rate la réalisation du tube dont la fabrication reste relativement artisanale. L'électronique associée à la caméra est haute tension, rapide, haute puissance et de surcroit, elle doit être stable. Le prix de vente de ces caméras est par conséquent généralement supérieur à 100 k€. Or il arrive assez souvent qu'une CBF soit utilisée très loin de ses performances ultimes comme dans les applications de fluorescence résolue en temps pour l'identification des bactéries [BEN08], la vélocimétrie par interférométrie laser Doppler [SWI04], la tomographie optique des milieux diffusants [CHA05] ou la résolution temporelle nécessaire est comprise entre 100 picosecondes et quelques microsecondes. Il est donc intéressant d'avoir un système différent à plus faible coût, bénéficiant de performances certes moindres, mais néanmoins suffisantes pour ces applications.

L'alternative : la technologie CMOS

A l'instar de la vidéo rapide, la technologie CMOS va encore une fois pouvoir proposer une alternative intéressante aux CBF conventionnelles. Par exemple, une caméra vidéo rapide peut être convertie en caméra à balayage de fente en réduisant la résolution spatiale à quelques lignes et en augmentant le taux d'image par seconde. Leur résolution spatiale est toutefois limitée à environ 1 µs [PAR10]. Il faut utiliser une autre approche pour passer cette barrière.

En 1987, Stuart Kleinfelder de l'université de Berkeley a développé un échantillonneur de 16 voies analogiques appliquées de l'extérieure et en parallèle disposant chacune d'une profondeur mémoire de 128 points échantillonnés à une fréquence de 100 MHz à l'aide d'une technologie CMOS 3 µm [KLE88] [KLE90]. Une bonne quinzaine d'années plus tard, les avancées technologiques lui ont permis de pousser le concept au-delà du GHz à l'aide de technologies standard 0,18 µm, 0,25 µm, 0,35 µm et même 0,5 µm. Le circuit réalisé en technologie 0,18 µm intègre une série de 512 cellules de mémoire analogique pour 4 canaux en parallèle pilotées par un système asynchrone basé sur une ligne à retard commandée en tension. Une logique supplémentaire permet de n'activer que 4 cellules mémoires à la fois afin de limiter la capacité vue par le signal analogique [KLE03a]. La même année [KLE03b] [KLE04b] sort un prototype de CBF intégrée en ajoutant un « front-end » optique qui sera la première CBF intégrée CMOS fonctionnant en mode vectoriel. Cependant la toute première CBF intégrée CMOS a été réalisée en 2000 par le laboratoire PHASE.

Le projet FAMOSI (FAst MOS Imager)
Collaboration PHASE-LEPSI de 1999 à 2005, projet ANR SIROPOU.

Thèses de Frédéric Morel et de Martin Zlatanski.

Le projet FAMOSI (pour *Fast MOS Imager*), débuté en 1999 par le PHASE en collaboration avec le LEPSI, consiste à réaliser la fonction d'une CBF sur un seul circuit intégré optoélectronique. Durant ma thèse j'ai suivi avec un vif intérêt ces travaux initiaux. Le tout premier circuit, réalisé en technologie AMS 0,6 μm, affiche une période d'échantillonnage de 800 ps sur une matrice de 64×64 pixels et une résolution temporelle meilleure que 6 ns [CAS01].

Ces travaux ont démontré l'intérêt de cette nouvelle approche de réalisation d'une CBF qui dispose d'un très fort potentiel d'évolution. C'est donc tout naturellement que j'ai rejoint Jean-Pierre Le Normand pour co-encadrer la thèse de Frédéric Morel sur la poursuite de ces travaux après ma thèse. Ce projet très pluridisciplinaire qui requière des compétences en optique, physique du solide, électronique haute fréquence et en microélectronique, a pu prendre l'ampleur qu'il mérite grâce à la fusion des laboratoires PHASE et LEPSI en janvier 2005. Ce projet a permis d'identifier 2 architectures principales de CBF intégrée : les CBF intégrées matricielles et les CBF intégrées vectorielles.

Les caméras à balayage de fente intégrées matricielles (CBFIM)

L'assemblage optique d'une CBF intégrée matricielle (CBFIM) est donné sur la Figure 23. L'image de la fente est uniformément répartie selon l'axe temporel (les colonnes) du capteur CMOS matriciel à l'aide d'une lentille cylindrique par exemple. Par conséquent, tous les pixels d'une même ligne sont éclairés de manière identique. Les pixels fonctionnent en intégration. Le circuit réalise le balayage en décalant temporellement le début d'intégration de chaque colonne à l'aide d'une unité de balayage purement électronique (*temporal sweep unit*). Le résultat est que chaque pixel d'une ligne reçoit le même signal, mais la mesure à un instant différent. Le décalage des instants d'intégration dans le capteur permet de réaliser un balayage électronique et de construire une image analogue à celle délivrée par une CBF.

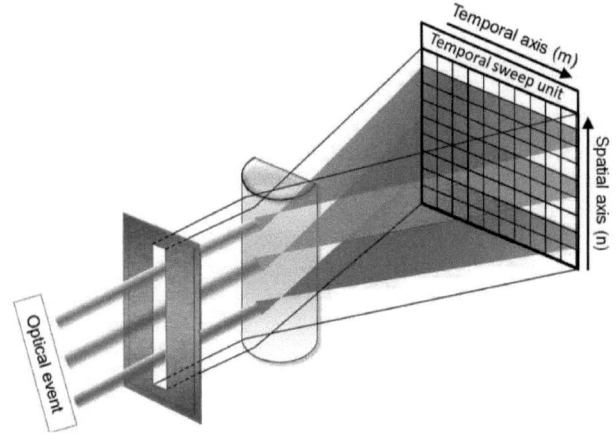

Figure 23 : Assemblage optique d'une CBFIM. L'image de la fente est uniformément répartie selon l'axe temporel du capteur CMOS dédié.

Architecture à 3 transistors
Le premier capteur FAMOSI basé sur ce système a été réalisé à l'aide du pixel actif classique à 3T (voir Figure 24). En généralisant le concept, le système comprend une matrice de $n \times m$ pixels et une unité de balayage (*temporal sweep unit*) constituée d'un générateur de retard (*delay generator*) à m étages. Les charges photoélectriques sont captées à l'aide d'une photodiode polarisée en inverse puis intégrées à partir du moment où le transistor M$_{RPD}$ se bloque. Le signal de commande de ce transistor est unique pour tous les transistors de la même colonne i et est retardé de Δt secondes par rapport à celui de la colonne i-1.

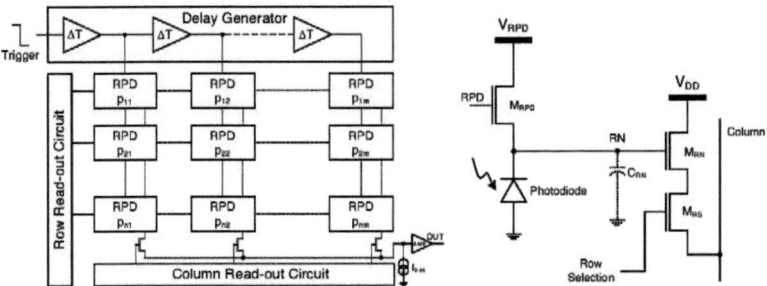

Figure 24 : Architecture du capteur CMOS de la CBFIM à 3T (à gauche), détail du pixel (à droite).

La fin d'intégration d'un pixel 3T est le moment où le pixel est lu. Le temps d'intégration est par conséquent beaucoup plus grand que la durée des événements à mesurer. La valeur p_{ij} du pixel de la ligne i et colonne j est donc :

$$p_{ij} = \frac{1}{m} G_{c_1} \int_{j \cdot \Delta T}^{\infty} E_i(t) \cdot dt \qquad (21)$$

Ou G_{c1} [V/n$_{photon}$] est le gain de conversion global incluant le facteur de remplissage et le rendement quantique et E_i [n$_{photon}$/s] est la puissance optique reçue par la ligne i et m le nombre de pixels d'une ligne, c'est-à-dire le nombre de colonne. On suppose que l'origine des temps ($t = 0$) correspond à la première colonne ($j = 0$). Le calcul de la dérivée selon l'axe temporel $S_{ij} = (p_{i(j+1)} - p_{ij})$ permet de reconstruire le signal lumineux. Cependant, durant cette opération le bruit de haute fréquence est amplifié, de plus il faut éviter la saturation du premier pixel qui intègre la totalité du signal et donc limiter l'intensité lumineuse. Cette architecture souffre donc de trois inconvénients majeurs : le manque de dynamique, le manque de SNR, et le manque de sensibilité. Pour pallier à ces problèmes, nous avons proposé une nouvelle architecture de pixel à 6 transistors et de pilotage de la matrice qui permet de n'intégrer la lumière que durant un laps de temps très court, de l'ordre de quelques ns [CI8].

Architecture à 6 transistors
Cette architecture a fait l'objet de la thèse de Frédéric Morel. Le prototype développé dispose d'une matrice de 64×64 pixels, un pas d'échantillonnage fixe de 640 ps/pixel et affiche une résolution temporelle meilleure que 4 ns [CI11]. Le système réalisé à l'aide d'un pixel à 6T en technologie 0,35 µm est décrit sur la Figure 25. L'unité de balayage intègre deux générateurs de délais identiques avec chacun un retard élémentaire de ΔT. Le premier génère le signal de début d'intégration (commande de M$_{RPD}$) et le second pilote le transistor M$_{SH}$ ajouté au pixel afin de contrôler la durée de l'intégration.

Avant l'acquisition, le potentiel de la diode est initialisé à V_{RPD} et le nœud interne RN à V_{RR}. L'intégration se déroule entre le blocage du transistor M_{RPD} et le blocage du transistor M_{SH}. La durée de l'intégration T_{int} est typiquement ajustée de quelques centaines de picosecondes à quelques nanosecondes réduisant ainsi sensiblement le problème de dynamique rencontré sur l'architecture 3T. Le manque de sensibilité peut être partiellement compensé en accumulant plusieurs images de l'acquisition d'un événement répétitif afin d'augmenter le SNR. En effet, le *speckle* et le bruit de lecture sont alors moyennés et les bruits statiques FPN et PRNU peuvent être compensés numériquement [CI4]. Cependant, cette méthode limite le taux de répétition à la durée de lecture de la matrice, c'est-à-dire quelques dizaines ou au mieux quelques centaines de hertz. Nous avons donc ajouté une fonction de transfert de charge au sein même du pixel qui permet d'accumuler plusieurs impulsions lumineuses récurrentes à une fréquence de répétition qui peut atteindre les 100 MHz [CI7].

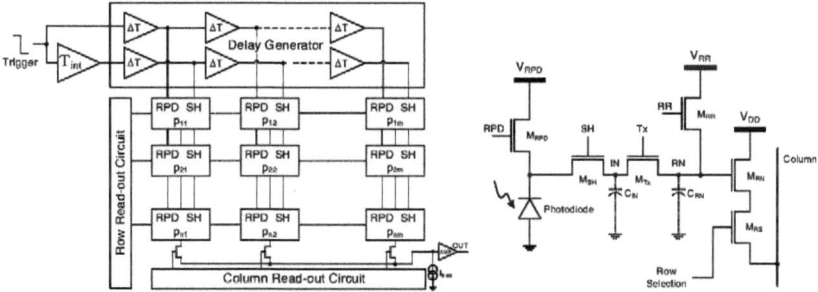

Figure 25 : Architecture du capteur CMOS de la CBFIM à 6T (à gauche), détail du pixel (à droite).

En effet, le transistor M_{TX} permet de réaliser une accumulation *in situ* de plusieurs événements lumineux. Durant la phase d'intégration, les transistors M_{TX} sont bloqués (V_{TX} = 0 Volt). Après l'acquisition, une tension globale à la matrice V_{TX} comprise entre la tension de photodiode et la tension VRN est appliquée à ces transistors. Les charges des nœuds IN sont alors transférées vers les nœuds RN de chaque pixel à l'aide du mécanisme de transfert de charge décrit sur la Figure 26 [RI3].

Initialement, la tension V_{RN} (=V_{RN0}) est très élevée de façon à former un puits de potentiel suffisamment profond pour pouvoir accumuler les photoélectrons. Le transistor V_{TX} créé une barrière de potentiel que les électrons de la photodiode ne peuvent franchir (a). Après l'intégration, la tension de la diode doit descendre en dessous d'une certaine valeur afin que les transistors puissent franchir la barrière de potentiel désormais abaissée du transistor M_{TX} (b). Après le transfert, les photoélectrons de la photodiode restent piégés dans le puits de potentiel du nœud RN (c). Les tensions de photodiode et V_{TX} doivent être correctement ajustées afin d'obtenir une bonne efficacité de transfert. Il y a en effet 4 zones de fonctionnement visibles sur la Figure 26. La zone 1 correspond à une zone où il n'y a aucun transfert de charge puisque la tension de photodiode n'est pas suffisamment basse pour que le transistor TX soit passant (il faut au moins une différence supérieure à la tension de seuil Vth~0,6 Volt entre la grille du transistor M_{TX} et la photodiode). La zone 2 est la configuration où le transfert de charge est optimal. La zone 3 correspond à une zone où le transistor M_{TX} fonctionne en interrupteur fermé, car sa tension de grille est toujours bien supérieure à sa tension de seuil. Il travaille donc en égalisation de potentiel plutôt qu'en transfert de charge et le gain diminue en fonction du rapport des capacités des différents nœuds. Dans la 4ème zone, la fonction d'anti éblouissement du transistor d'initialisation de la photodiode maintient le potentiel constant et annule ainsi le gain [RI3].

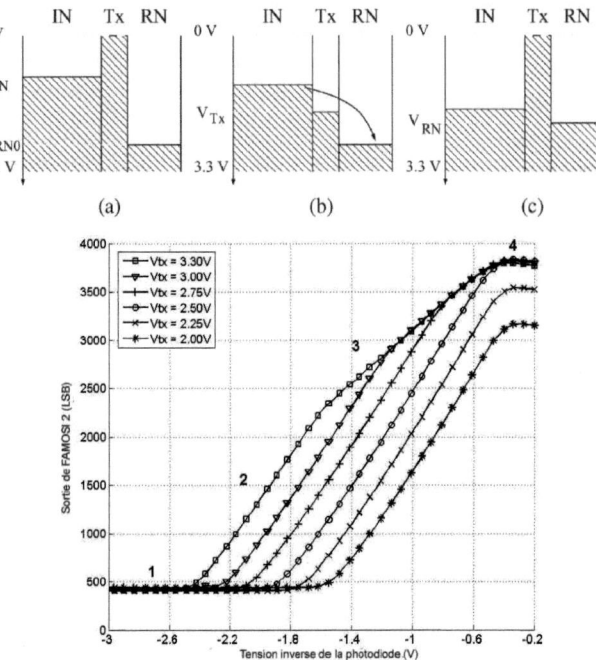

Figure 26 : Mécanisme du transfert de charge du nœud IN au nœud RN à l'aide du transistor TX en haut. Intégration des photoélectrons dans le nœud IN (a), transfert vers le nœud RN (b), arrêt du transfert et reset de la photodiode (c). Courbe de transfert pour plusieurs valeurs de V_{TX} en fonction de la tension photodiode après intégration.

A l'aide de cette architecture de pixel, l'accumulation de plusieurs acquisitions de manière analogique au sein du nœud RN conduit à une valeur p_{ij} du pixel ij donnée par :

$$p_{ij} = \sum_{k=1}^{N} \left(\frac{1}{m} G_{C_2} \int_{j \cdot \Delta T}^{j \cdot \Delta T + T_{int}} E_{ki}(t) \cdot dt \right) \quad (22)$$

Où N est le nombre d'accumulation, G_{C_2} le gain de conversion global qui inclut l'efficacité du transfert de charge de la diode vers le nœud IN puis du nœud IN vers le nœud RN et E_{ki} est le $k^{ième}$ événement lumineux reçu par la ligne i. Si le signal est récurrent ($E_{ki} \approx E_i$, $\forall k$), et dans le cas particulier où le temps d'intégration est court devant la durée du signal à mesurer, alors le signal obtenu peut être réduit à :

$$p_{ij} \approx \frac{N}{m} G_{C_2} \cdot T_{int} \cdot E_i(j \cdot \Delta T) \quad (23)$$

Il est ainsi possible d'accumuler environ 100 impulsions successives de faible intensité à pleine vitesse améliorant ainsi le rapport signal à bruit d'un facteur 10 [MOR07].

Cette nouvelle architecture a démontré que les CBF intégrées peuvent afficher des résolutions temporelles proches de la nanoseconde [CI15] et qu'elles présentent une alternative intéressante aux CBF conventionnelles qui restent très chères, encombrantes, fragiles, difficiles à réaliser et à mettre en œuvre. J'ai été invité par le Pr. Michel Paindavoine à présenter ces travaux à une conférence nationale sur l'état de l'art des capteurs CCD et CMOS [CN6].

La troisième génération de CBF intégrées matricielles a été réalisée en 2009. Débarrassée de ses derniers défauts de jeunesse, elle offre une base de temps totalement paramétrable à l'aide d'un taux d'échantillonnage ajustable de 150 ps à plusieurs ms et une qualité d'image très correcte (voir Figure 27). La vitesse maximale d'échantillonnage de près de 8 Géchantillons/s par voie permet d'explorer les limites temporelles de la technologie et notamment les courants de substrat qui ralentissent les réponses dynamiques des photodiodes. En effet, une structure de photodiodes entrelacées, visible sur la Figure 27, a également été intégrée afin d'obtenir les performances ultimes de la technologie utilisée. Les tests préliminaires de ce nouveau système semblent confirmer que des résolutions subnanosecondes sont atteignables. La publication des résultats est prévue pour début 2011.

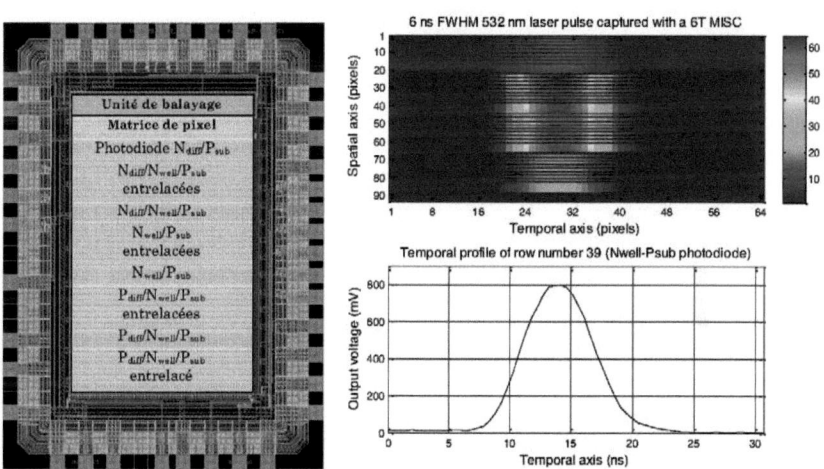

Figure 27 : Dessin des masques de la 3ème génération du capteur de CBFIM (à gauche) et résultat de la mesure d'une impulsion laser de 6 ns FWHM à 532 nm (à droite).

Les caméras à balayage de fente intégrées vectorielles (CBFIV)

Une architecture totalement différente a fait l'objet du sujet de thèse de Martin Zlatanski démarrée en septembre 2007. Elle consiste à utiliser un vecteur linéaire de photodétecteurs, une électronique de conditionnement (*front-end*) et une matrice de stockage analogique (*multi sampling and storage*) (voir Figure 28) [RI9]. Lors de l'acquisition, le photocourant est converti et amplifié par le *front-end* à large bande passante. L'évolution temporelle du signal est ensuite échantillonnée et stockée sous forme analogique *in situ*. Cette architecture augmente intrinsèquement la sensibilité d'un facteur 100 à 1000 [CI19]. En effet, toute la lumière d'une ligne est focalisée sur un seul photodétecteur dont le facteur de remplissage peut approcher les 100 % puisque l'électronique associée est placée à ses côtés. En contrepartie, l'électronique de mise en œuvre est beaucoup plus complexe et la consommation passe à quelques Watts. Afin de ne pas dégrader la qualité d'image ni les performances dynamiques, il est alors nécessaire d'employer des alimentations pulsées ou de mettre en œuvre des systèmes de refroidissement spécifiques aux imageurs.

L'architecture du capteur et le détail d'une cellule d'échantillonnage d'une CBFIV est donnée sur la Figure 29. La cellule d'échantillonnage suit le potentiel de sortie du *front-end* lorsque le transistor M_1 est passant, puis elle le mémorise au nœud B au moment où ce transistor se bloque. Le transistor M_2 est un suiveur qui permet de lire le « pixel » lorsque les transistors de sélection de lecture M_4 et M_5 sont activés. Le transistor M_3 sert à polariser le nœud A à un potentiel connu lors de l'acquisition, ce qui limite le bruit d'injection de charge.

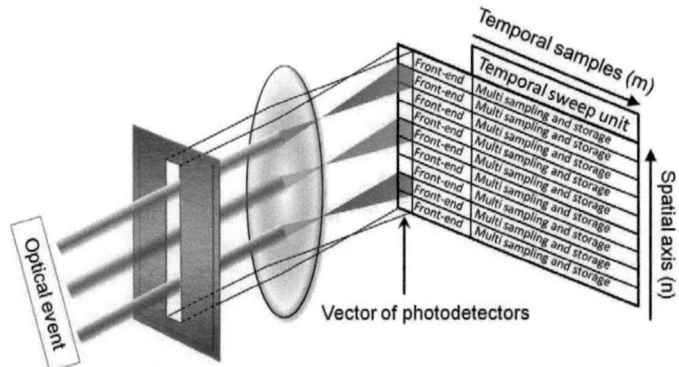

Figure 28 : Assemblage optique d'une CBFIV. L'image de la fente est focalisée sur le vecteur de photodétecteurs du capteur CMOS dédié.

Afin de maximiser la bande passante du système, il convient de limiter la charge capacitive vue par le front-end et donc le nombre de cellules activées. Une courte impulsion est donc envoyée dans la ligne de retard plutôt qu'un échelon. Il est possible de générer automatiquement une impulsion d'une durée de *n* retards élémentaires à l'aide d'un système tel que celui décrit dans [KLE03b] ou bien en utilisant un retard commandé en tension et un peu de logique. La difficulté de conception d'une CBFIV réside dans le *front end* qui peut globalement être soit à conversion directe soit indirecte :

CBFIV à conversion directe
L'approche la plus naturelle est d'utiliser un amplificateur transimpédance (TIA) comme *front-end* [VAN95]. Le photocourant est converti en tension par l'amplificateur transimpédance avec un gain donné en [V/A]. La tension est alors une image directe du signal lumineux. La cellule d'échantillonnage de la Figure 29 est utilisable. La valeur d'un pixel p_{ij} est alors simplement donnée par :

$$p_{ij} = G_{c_3} \cdot E_i \left(j \cdot \Delta T \right) \qquad (24)$$

Où G_{c_3} [V/n_{photon}] est le gain de conversion global qui inclut le gain transimpédance.

L'avantage de cette approche, outre l'obtention directe du signal, est que la diode est constamment polarisée en inverse à l'aide d'une tension fixée par l'entrée basse impédance de l'amplificateur. En contrepartie, chaque amplificateur consomme près de 10 mW afin de garantir une bande passante supérieure au GHz.

Une autre approche directe est possible en utilisant un convoyeur de courant [SED70] couplé à des cellules d'échantillonnage en mode courant [TOU89]. Bien que cette structure permette une observation directe du signal, elle souffre d'inconvénient comme la complexité et le manque de vitesse de l'échantillonnage en courant. Dans ce cas, le gain de conversion G_{c_3} est donné en [A.s/n_{photon}].

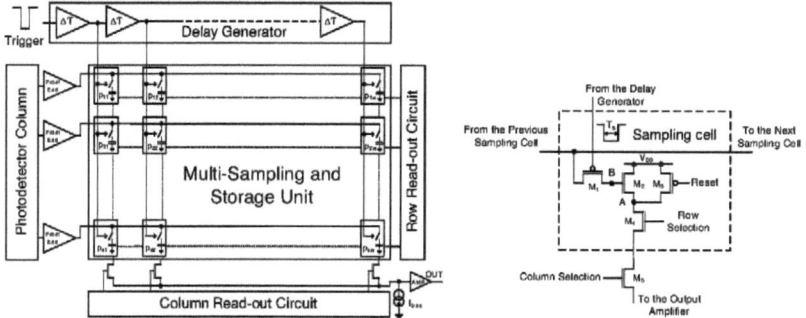

Figure 29 : Architecture du capteur CMOS d'une CBFIV (à gauche), détail d'une cellule d'échantillonnage.

Un prototype d'imageur à été réalisé en technologie BiCMOS 0,35 µm (Figure 30). Le circuit intègre un amplificateur transimpédance mettant en œuvre des transistors bipolaires SiGe avec lesquels nous avons obtenu une bande passante supérieure au GHz pour un gain de 1200 V/A [VAN95]. Le taux d'échantillonnage peut être ajusté de 130 ps à 1 ns et la matrice de stockage présente une profondeur de mémoire de 128 échantillons [CI21]. La mesure d'impulsions laser picoseconde à 650 nm à l'aide de ce prototype révèle une largeur à mi-hauteur de 700 ps (voir Figure 30). Cette réalisation est la première caméra à balayage de fente intégrée fonctionnant en mode mono-coup affichant une résolution temporelle meilleure que 1 ns. La deuxième génération porte le gain à 10000 V/A et une bande passante de 1,3 GHz tout en maintenant la consommation au même niveau que la première génération. Ce nouveau circuit sera caractérisé fin 2010. J'ai été invité par le Pr. Michel Paindavoine à présenter l'état d'avancement de nos travaux au colloque GRETSI sur les capteurs intelligents [CN13].

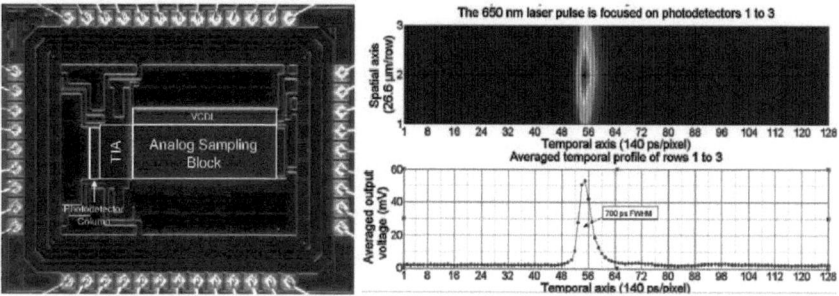

Figure 30 : Photo de la 1ère génération de CBFIV (à gauche). Mesure d'une impulsion lumineuse de 500 ps FWHM à 650 nm délivrée par une diode laser picoseconde échantillonnée à 7,14 GHz par la CBFIV (à droite). La largeur à mi-hauteur mesurée est de 700 ps.

CBFIV à conversion indirecte

Le mode indirect consiste à faire fonctionner le photodétecteur en mode d'intégration. Le photocourant est, par exemple, converti en tension par la capacité de l'organe photosensible. On utilise un étage tampon, comme un suiveur par exemple, afin d'isoler les photodétecteurs des cellules d'échantillonnage. L'équipe du Pr. Kleinfelder a utilisé cette approche en opérant une initialisation systématique de la photodiode à chaque échantillon dans [KLE04b]. Dans ce cas, la valeur p_{ij} du pixel ij est donnée par :

$$p_{ij} = G_{c_4} \int_{j \cdot \Delta T}^{(j+\alpha) \cdot \Delta T} E_i(t) \cdot dt \qquad (25)$$

Où G_{c_4} est le gain de conversion global et $\alpha = T_{int}/\Delta T$ est le rapport entre la durée de l'intégration et le pas d'échantillonnage avec $\alpha \in [0;1[$. Lorsque le signal lumineux E_i est relativement constant durant l'intégration, la valeur du pixel ij devient :

$$p_{ij} \approx G_{c_4} \cdot \alpha \cdot \Delta T \cdot E_i(j \cdot \Delta T) \qquad (26)$$

Cette structure présente intrinsèquement un meilleur gain pour les signaux lents, car elle bénéficie de l'effet d'intégration qui amplifie les basses fréquences et atténue les hautes. Il est possible d'améliorer encore ce gain en ajoutant un convoyeur de courant entre la photodiode et l'étage suiveur de tension. Ainsi, la photodiode reste toujours polarisée avec la même tension, ce qui à pour effet d'augmenter sa bande passante et d'améliorer la linéarité. Mais surtout, la capacité de conversion devient celle de l'étage suiveur, d'une valeur typique de quelques dizaines de fF, plutôt que celle de la photodiode d'une valeur typique de quelques centaines de fF, ce qui conduit à un gain de conversion pratiquement 10 fois plus élevé. En contrepartie, la consommation du capteur est sensiblement augmentée.

Le système développé dans [KLE04b] est limité à un taux d'échantillonnage de 100 MHz. Cette limitation est principalement due au système de reset synchrone de la photodiode et de l'utilisation de porte de transmission « *T-Gate* » [KLE09]. En effet, il est difficile de générer deux horloges réellement complémentaires à des vitesses plus élevées [KLE03a]. Nous avons donc développé une CBFIV en mode d'intégration (voir Figure 31 (a)) avec une architecture de pixel qui ne souffre pas de ses limitations. En effet, un système original de mise à zéro asynchrone des photodiodes (voir Figure 31 (b)) permet à cette structure d'obtenir potentiellement des résolutions temporelles meilleures que la nanoseconde [CI23]. Le principe est le suivant : la photodiode intègre le signal lumineux, et elle n'est initialisée que lorsque cela est nécessaire, c'est-à-dire au moment où elle atteint sa saturation. Ce système de reset actif est totalement asynchrone, car il n'a aucune relation de phase avec le signal d'échantillonnage. Il permet de réaliser l'initialisation de la photodiode en 600 ps seulement avec la technologie CMOS standard 0,35 µm utilisée. Sur la Figure 31 (c), on peut voir un exemple simulé de l'acquisition d'une impulsion lumineuse de l'ordre de la nanoseconde. Le signal en sortie du capteur requiert toutefois l'application d'un algorithme de reconstruction afin d'obtenir l'évolution temporelle du signal lumineux [CI23]. Cet algorithme consiste principalement à une phase de linéarisation, suivie d'un calcul de dérivation, et pour finir une étape d'interpolation. En effet, lors de l'initialisation de la photodiode, l'information lumineuse est pratiquement perdue. Cependant, cette approche permet de multiplier le taux d'échantillonnage par d'un facteur 80 par rapport aux travaux de l'équipe du professeur Kleinfelder en passant de 100 MHz à 8 GHz. Et cela, en utilisant la même technologie CMOS 0,35 µm. De plus, le système est plus sensible en faible intensité, car entre deux échantillons, la photodiode intègre toujours le signal (le coefficient α des équations (25) et (26) peut être supérieur à 1) alors qu'avec une architecture synchrone, son initialisation systématique fait perdre du signal (le coefficient α est alors typiquement de 0,5). Ce nouveau circuit sera caractérisé fin 2010.

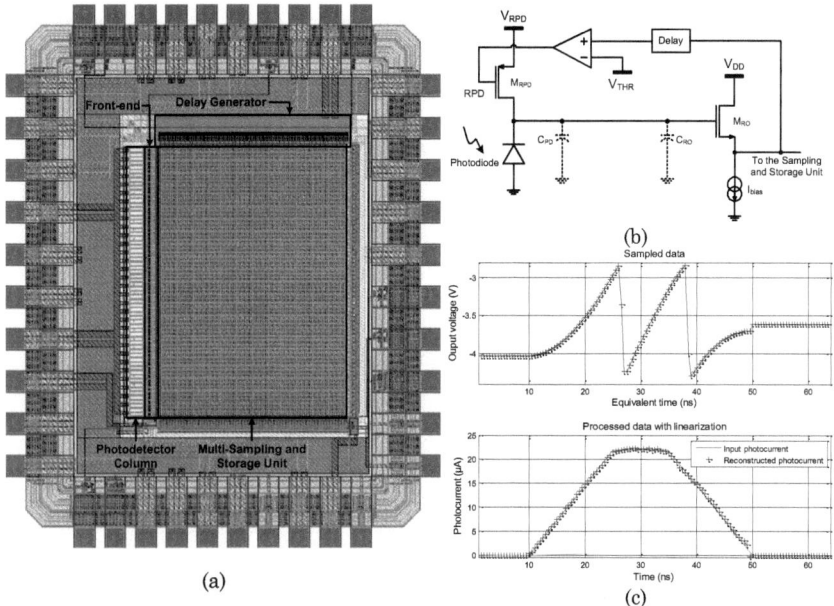

Figure 31 : Layout de la CBFIV à reset asynchrone (a), détail du pixel (b), simulation de l'acquisition d'une impulsion lumineuse, signal brut à la sortie du capteur (en haut (c)) et signal reconstruit (en bas (c)).

Sensibilité des CBFI

La sensibilité globale en volt par nombre de photons des pixels des différentes architectures de CBFI est donnée sur le Tableau 8. QE_{PD} est l'efficacité quantique du photodétecteur incluant les pertes optiques par réflexion et autre, FF_P le facteur de remplissage, m et n le nombre de colonnes et de lignes du capteur, T_{int} la durée d'intégration, ΔT la période d'échantillonnage et T_{lum} la durée de l'événement lumineux. CT est l'efficacité de transfert de la structure 6T de la CBFIM et G_{SF} est le gain de l'étage suiveur.

Architecture de CBFI	Gain de conversion global	Sensibilité d'un pixel	
		Pire cas	Meilleur cas
CBFIM à 6T	$G_{C_2} = QE_{PD} \cdot FF_P \cdot CT \cdot G_{C_{6T\,MISC}}\ [V/n_{ph}]$	$S_{P_{6T\,MISC}} = G_{C_2} \cdot \dfrac{T_{int}}{m^2 n \Delta T}$	$S_{P_{6T\,MISC}} = G_{C_2} \cdot \dfrac{T_{int}}{m \Delta T}$
CBFIV à TIA	$G_{C_3} = QE_{PD} \cdot FF_P \cdot G_{C_{TIA\,VISC}} \cdot q\ [V \cdot s/n_{ph}]$	$S_{P_{TIA\,VISC}} = \dfrac{G_{C_3}}{mn}$	$S_{P_{TIA\,VISC}} = G_{C_3}$
CBFIV à étage suiveur	$G_{C_4} = QE_{PD} \cdot FF_P \cdot G_{SF} \cdot G_{C_{INT\,VISC}}\ [V/n_{ph}]$	$S_{P_{INT\,VISC}} = \dfrac{\alpha G_{C_4}}{mn}$	$S_{P_{INT\,VISC}} = \alpha G_{C_4}$

Tableau 8 : Sensibilité des pixels des CBFI.

Comme la sensibilité globale dépend de la distribution spatiotemporelle du signal, nous considérons les deux cas extrêmes. Le pire cas correspond à une lumière distribuée uniformément selon la fente spatiale et d'une durée $T_{lum} = T_{obs} = m \cdot \Delta T$ égale à la largeur de la fenêtre d'observation. Le meilleur cas est obtenu avec une lumière entièrement focalisée sur une seule ligne et dont la durée est $T_{lum} = \Delta T$.

De là, on peut calculer le nombre de photons minimal nécessaire pour une mesure de variation de 2 mV à la sortie des capteurs actuellement disponibles. On suppose que le rendement quantique est de 10 %, et que la matrice est carrée avec $m = n = 1000$.

Architecture de CBFI	Paramétres/Conditions	Pire cas [n_{ph}]	Meilleur cas [n_{ph}]
CBFIM à 6T en simple tir	$T_{int} = \Delta T$, $FF_P = 47\%$, $CT \cdot G_{C6T\,MISC} = 4.7\,\mu V/e^-$, $N = 1$	$9.1 \cdot 10^{12}$	$9.1 \cdot 10^6$
CBFIM à 6T en accumulation	$T_{int} = \Delta T$, $FF_P = 47\%$, $CT \cdot G_{C6T\,MISC} = 4.7\,\mu V/e^-$, $N = 100$	$91 \cdot 10^9$	$91 \cdot 10^3$
CBFIV à TIA	$\Delta T = 1$ ns, $FF_P = 84\%$, $G_{C_{TIA\,VISC}} = 1000$ V/A	$149 \cdot 10^9$	$149 \cdot 10^3$
CBFIV à TIA	$\Delta T = 140$ ps, $FF_P = 84\%$, $G_{C_{TIA\,VISC}} = 1000$ V/A	$21 \cdot 10^9$	$21 \cdot 10^3$
CBFIV à étage suiveur	$T_{int} = \alpha \cdot \Delta T$, $FF_P = 84\%$, $C_{INT} = 100$ fF, $\alpha = 0.5$, $G_{SF} = 0.8$	$37.2 \cdot 10^9$	$37 \cdot 10^3$

Tableau 9 : Nombre minimum de photons détectable pour une mesure.

Il découle de cette étude que la sensibilité des CBFI dépend fortement de l'architecture du capteur, la méthode de conversion est la distribution spatiotemporelle du signal. Le principe d'éclairement de la CBFIM diminue fortement sa sensibilité avec le nombre de colonnes, c'est-à-dire la profondeur de mémoire m. Toutefois, sa fonction d'accumulation *in situ* permet de maintenir sa sensibilité à un niveau comparable aux autres architectures. La conversion par intégration est très efficace pour de petites valeurs de capacité et pour les signaux lents. Par contre, dans le cas de signaux très rapides, l'atténuation haute fréquence imposée par l'intégration conduit à préférer l'approche par conversion TIA qui profite de l'augmentation du courant instantané produit par une impulsion courte. Il faut tout de même retenir que les structures de CBFI actuelles ne sont utilisables qu'avec des impulsions lumineuses dont l'énergie est bien supérieure à quelques dizaines de milliers de photons, soit une dizaine de femto-joule. Les CBFI ont pour vocation de mesurer des événements brefs qui, pour la plupart, sont induits par un tir laser. Dans ce cas, on dispose d'un nombre important de photons émis dans un laps de temps très court alors que la puissance moyenne reste faible.

Résolution temporelle des CBFI

Pour obtenir une résolution temporelle meilleure que la nanoseconde, les bandes passantes des photodétecteurs et de leur électronique associée doivent être au minimum de l'ordre du GHz.

Les photodiodes intégrées dans un circuit réalisé en technologie CMOS standard souffrent de courant de diffusion dans le substrat qui dégrade leur réponse temporelle pour des longueurs d'onde supérieures à 600 nm [RAD03]. Polariser une diode fortement en inverse augmente considérablement sa zone de déplétion et réduit sa capacité, ce qui conduit à une augmentation de sa bande passante ainsi que de sa sensibilité. Les structures à conversion directe intégrant un TIA ou un convoyeur de courant sont très efficaces dans ce mode. Cela n'est malheureusement applicable qu'aux structures vectorielles. En effet, les CBFIM ne peuvent fonctionner que dans un mode d'accumulation dans lequel la tension inverse de la photodiode diminue fortement avec le signal.

L'électronique des CBFIM est distribuée dans chaque pixel et le seul élément qui pourrait limiter la bande passante est le transistor d'obturation (M_{SH}). Or en technologie CMOS standard 0,35 µm, la bande passante d'un transistor NMOS peut très facilement atteindre plusieurs GHz. Le mode de fonctionnement massivement parallélisé de ces CBFI leur confère donc une vitesse énorme qui est plutôt limitée par le photodétecteur lui-même que par l'électronique. Par ailleurs, la consommation d'une CBFIM est faible durant l'acquisition et pratiquement nulle en statique. En effet, les seuls courants utilisés sont ceux de reset des photodiodes et des commutations des transistors.

L'électronique des CBFIV est par contre beaucoup plus difficile à concevoir. Les bandes passantes des TIA et des convoyeurs de courant sont limitées par les capacités et inductances parasites ainsi que par des contraintes pratiques de consommation de courant. En effet, en technologie 0,35 µm, leur consommation est proche de 10 mW environ par élément si l'on veut des bandes passantes supérieures au GHz. Cependant, dans le cas de la CBFIV en mode indirecte (en intégration), la bande passante d'un étage suiveur de tension peut être au-delà de 1 GHz avec une consommation inférieure à 2 mW. Il ne faut pas oublier que ces consommations sont à multiplier par le nombre de voie de la CBFI, c'est-à-dire environ 1000 à long terme. Les consommations restent toutefois dans des proportions raisonnables et l'utilisation d'alimentations pulsées permet de maintenir le circuit à bonne température, surtout en utilisation simple tir [CI21].

Les résultats présentés sur la Figure 30 démontrent que les CBFIV peuvent avoir une résolution temporelle meilleure que la nanoseconde à 650 nm. Les résultats préliminaires de la dernière génération de CBFIM indiquent également des résolutions subnanoseconde à une longueur d'onde de 400 nm.

Dans les structures que nous avons développées, le taux d'échantillonnage est uniquement imposé par ΔT. En effet, la phase de reset des CBFIM ne génère pas de contrainte sur le taux d'échantillonnage. De même, pour les CBFIV en mode direct ou indirect avec un reset asynchrone ou la matrice d'échantillonnage fonctionnent indépendamment du *front-end*. Il est donc possible d'obtenir des fréquences d'échantillonnage plus ou moins élevées en fonction des unités de balayage utilisées.

L'unité de balayage
L'unité de balayage est un élément commun à toutes les architectures de CBFI. C'est elle qui déterminera l'axe temporel de l'image obtenue. Or la linéarité et la stabilité de l'axe temporel sont des caractéristiques primordiales des CBF. En effet, lors de la métrologie de signaux optiques rapides, il est impératif de garantir la stabilité et la précision de cet axe à 5 % près. Lors de l'utilisation de CBF conventionnelle, il est souvent nécessaire de calibrer la caméra puis de corriger l'image afin de réduire les distorsions spatio-temporelles [AUB02] [MON87].

Dans le cas des CBFI et pour des pas temporels supérieurs à la nanoseconde, il est possible d'utiliser des registres à décalages numériques à base de bascule D dynamiques rapides [CHE03] comme unité de balayage. La stabilité et la linéarité de l'axe temporel sont alors directement reliées à la stabilité de l'horloge qui pilote le registre. Or, avec une PLL, il est relativement facile de synthétiser une horloge stable et à faible gigue à partir d'un oscillateur à quartz compensé en température et ainsi obtenir une précision de l'ordre de quelques centaines de parties par million (ppm).

Pour les pas d'échantillonnage temporels plus faibles, il est nécessaire de recourir à une structure qui permet d'approcher les limites de la technologie utilisée. Les lignes à retard contrôlées en tension (VCDL) à base d'inverseurs dégénérés sont des éléments qui répondent parfaitement à cet objectif. En effet, les inverseurs dégénérés sont les éléments qui permettent de réaliser les retards les plus courts possible dans une technologie donnée [MAH02]. Cependant, ces VCDL ne sont pas stables en température et leur réglage est relativement délicat. Il est donc préférable d'utiliser un système en boucle fermé et un signal de référence.

Unité de balayage par ligne à retard commandée en tension
Nous avons conçu une architecture de générateur de retard pouvant être intégrée dans l'imageur (voir Figure 31) [RI10]. Elle repose sur une VCDL miroir couplée et parfaitement identique à celle d'une boucle à verrouillage de délais (DLL) [KIM94]. Une horloge externe permet alors de régler continument et précisément le pas d'échantillonnage de 130 ps à 1 ns environ. Le retard élémentaire étant la période de l'horloge de référence divisée par le nombre d'étages, soit 128 dans notre circuit. La stabilité à long terme et en température est assurée par la DLL maitresse qui est corrigée en permanence. Les tensions de contrôle de la DLL étant reliées à celle de la VCDL miroir, celle-ci est également contrôlée. Ce mode de fonctionnement permet de faire travailler l'unité de balayage de manière totalement asynchrone avec l'horloge de référence.

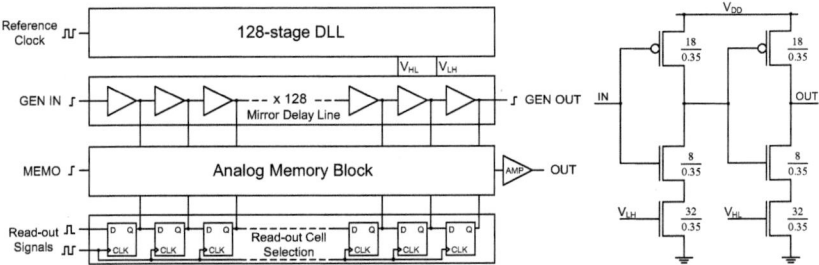

Tableau 10 : Architecture de l'unité de balayage rapide et de son circuit de caractérisation associé (à gauche). Schéma d'un élément de retard à base d'inverseur dégénéré.

Ce circuit intègre un système original permettant de caractériser le circuit lui-même, ainsi que la possibilité de réaliser un échantillonnage ultrarapide en technologie CMOS. Ainsi, l'échantillonnage d'un signal haute fréquence provenant de l'extérieur à plus de 8 Géchantillons/s a été établi [CI17].

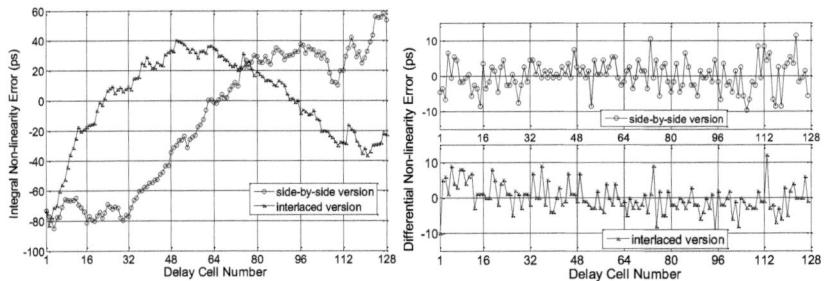

Figure 32 : Erreur intégrale de non-linéarité obtenue pour deux topologies de dessins des masques (*layout*) différentes et un retard élémentaire de 156 ps (à gauche). Erreur différentielle pour les deux topologies dans les mêmes conditions (à droite)

Les résultats concernant la caractérisation de l'axe temporel ont démontré que cette structure permet d'obtenir une précision meilleure que 0,8 % sur la valeur moyenne du pas d'échantillonnage, un écart inférieur à 1 % sur une plage de température de 50°C et une non-linéarité inférieure à 0,5 % (voir Figure 32) ce qui dépasse de loin les performances obtenues par les CBF conventionnelles [ZHU10].

Le système de caractérisation interne permet également de mesurer la gigue induite par cette unité de balayage. Les résultats sont donnés sur la Figure 33. On constate que la gigue augmente avec le nombre d'étage, ce qui traduit l'effet d'accumulation de la gigue à travers chaque étage. Sur la figure de droite, l'horloge de référence a été désactivée et le retard élémentaire est réglé sur 780 ps. On observe bien une augmentation en racine carrée de la gigue avec le nombre d'étages conformément à la théorie de l'addition de phénomènes stochastiques à distribution gaussienne. Sur la figure de gauche, l'horloge de référence est toujours active et le retard élémentaire à été réduit à 156 ps. La gigue est sensiblement plus élevée que précédemment. L'horloge de référence induit des bruits totalement décorrélés (le système est asynchrone) sur la ligne à retard miroir. La gigue est d'ailleurs plus forte sur la version de circuit dans laquelle la ligne miroir est entrelacée avec la ligne maitresse que sur la version sur laquelle la ligne miroir est située en dessous, ce qui témoigne de couplage par courant de substrat. Précisons tout de même que la gigue efficace reste inférieure à 10 % du retard élémentaire, ce qui reste très acceptable pour notre application.

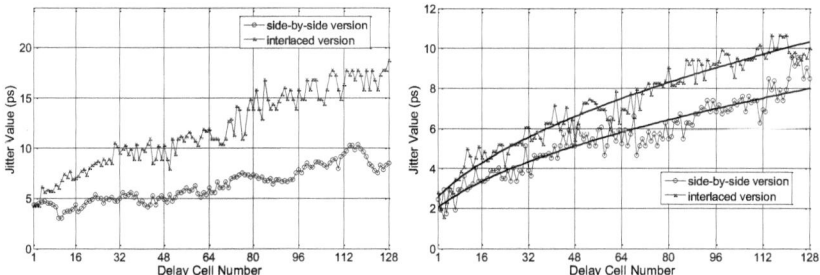

Figure 33 : Mesure de la gigue efficace de synchronisation induite par la ligne à retard pour un retard élémentaire de 156 ps et une horloge de référence active (à gauche), et un retard élémentaire de 780 ps et une horloge de référence désactivée (à droite).

Par ailleurs, la précision obtenue sur les délais et l'échantillonnage analogique des signaux internes permet d'envisager cette architecture innovante comme un nouveau concept de convertisseur temps→numérique. Une demande de valorisation pour un dépôt de brevet sur cette approche mixte numérique/analogique est en cours de rédaction.

Conclusion sur les capteurs intégrés ultrarapides

Le Tableau 11 résume les différents travaux sur les capteurs vidéo et de CBF intégrées. La réalisation d'un imageur ultrarapide avec stockage *in situ* en technologie CMOS a permis de faire un saut technologique qui a fait passer les résolutions temporelles de la microseconde à la nanoseconde. On peut noter que les travaux de l'InESS figurent en très bonne position au niveau mondial en termes de fréquence et de taux d'échantillonnage.

Les prototypes de CBFI réalisés à l'InESS en technologie CMOS standard 0,35 µm démontrent qu'ils peuvent être une alternative réellement intéressante aux CBF conventionnelles pour les applications où une résolution temporelle d'une centaine de picosecondes est suffisante. De plus, leur potentiel d'évolution est très important. L'utilisation d'une technologie CMOS plus fortement submicronique permettra d'augmenter la fréquence d'échantillonnage et d'augmenter la profondeur de mémoire. Les technologies électroniques 3D émergentes permettront également d'augmenter la sensibilité des capteurs.

Capteur	Fréquence acquisition	Nombre de voie	Profondeur mémoire	Taux d'échantillonnage	Remarques
UHFR – Lowrance [LOW97] **1997**	1 MHz	360×360	30	130 GS/s	1ère CCD ultrarapide. 1 Mips (mode dégradé)
Etoh ISIS-V4 **2006**	1 MHz	420×720	144	300 GS/s	Techno CCD -Existe en version couleur
FAMOSI I (CBFIM InESS **2000**)	1,25 GHz	64	64	80 GS/s	Faible rapport signal à bruit
FAMOSI II-a (CBFIM InESS **2005**)	1,5 GHz	64	64	96 GS/s	Possibilité d'accumulation *in situ*
FAMOSI II-c (CBFIM InESS **2008**)	7 GHz	93	64	650 GS/s	Base de temps ajustable
FAMOSI III-a (CBFIV InESS **2009**)	7 GHz	12	128	84 GS/s	Gain TIA 1300 V/A. 1ère CBFI sub-ns
FAMOSI III-TIA (CBFIV InESS **2010**)	7 GHz	64	128	450 GS/s	Gain TIA 10000 V/A, base de temps ajustable
FAMOSI III-SF (CBFIV InESS **2010**)	7 GHz	64	128	450 GS/s	Système de reset asynchrone
Kleinfelder SC [KLE09] **2009**	100 MHz	150	150	15 GS/s	Système de reset synchrone
Kleinfelder Vidéo [KLE04] **2004**	10 MHz	32×32	64	10 GS/s	5 MHz avec un CDS
J. Deen [DES09] **2009**	1,25 GHz	32×32	8	1,28 TS/s	0,130 µm, 1ère caméra vidéo CMOS >1 Gips
CBFI idéale, **futur proche**	10 GHz	1024	1024	10 TS/s	Objectifs à moyen terme de l'iness
Caméra Phantom v12.1 en mode CBF	1 MHz	128×8	2,086 s soit 2 GS	1 GS/s	Caméra vidéo rapide en mode CBF[PAR10]

Tableau 11 : Résumé des différents travaux sur les capteurs intégrés ultrarapide

Le Tableau 12 résume les performances atteintes par les CBFI à l'état de l'art en 2010.

Domaine spectrale	UV-A, VIS, NIR (sur techno silicium, et sans scintillateur)
Résolution spatiale	~15 µm (indépendant de la résolution temporelle)
Résolution temporelle	~1 ns
Sensibilité	Minimum détectable ~20·10^3 à ~9·10^{12} photons
Taux de répétition	Du simple tir (single shot) jusqu'à 100 MHz (mode d'accumulation on chip)
Vitesse de balayage	From 140 ps/pixel to ∞ ps/pixel
Fenêtre d'observation	9 ns up to ∞ s (on fonction de la vitesse de balayage et de la mémoire analogique embarquée)

Tableau 12 : Résumé des performances des CBFI en 2010

Parmi les applications possibles, on compte les analyses biométriques, les systèmes de vision robotique, l'analyse de matériaux, les interfaces homme-machine et l'imagerie médicale *in vivo*. Néanmoins, pour cette dernière application, une attention toute particulière doit être apportée à l'augmentation de la sensibilité. Rendre les capteurs ultrarapides compatibles avec les applications d'imagerie médicale fait partie de mes prospectives de recherche. Cependant, une technologie offrant les sensibilités et les résolutions temporelles suffisantes pour ces applications est déjà disponible. C'est l'imagerie ultrarapide conventionnelle à tube à vide.

6. Imagerie ultrarapide conventionnelle (tube)

Introduction
L'imagerie ultrarapide est conventionnellement réalisée à l'aide de tubes à vide comme les tubes imageurs à balayage, ou encore les intensificateurs d'image. Elle permet de capturer la lumière à un taux d'échantillonnage ultrarapide, typiquement de l'ordre de la picoseconde sur près d'un millier de voies ou bien quelques centaines de picosecondes sur plus de 100 000 pixels, portant le débit total aux alentours de 1 Péta-échantillons/s soit 3 ordres de grandeur au-dessus du taux des capteurs intégrés ultrarapides. La même approche de stockage *in situ* est utilisée, sauf que dans ce cas, l'information obtenue est stockée temporairement sur un écran de phosphore. Une caméra vidéo numérise alors cette information à vitesse réduite.

Ma principale activité de recherche sur l'imagerie ultra rapide conventionnelle est orientée vers l'imagerie médicale par tomographie optique diffuse dans le proche infrarouge [CN14]. Ces recherches sont effectuées en collaboration étroite avec Patrick Poulet du LINC (anciennement IPB) depuis 2002. Cette thématique pose des contraintes extrêmes sur les détecteurs et nous oblige à les modifier afin qu'ils soient suffisamment performants pour fonctionner dans cette application.

La tomographie optique
Collaboration InESS-LINC-LSIIT depuis 1999.

La spectroscopie proche infrarouge est une technique reconnue et couramment utilisée en clinique et en recherche biomédicale pour le suivi de la perfusion et de l'oxygénation tissulaire. En lumière continue, elle ne permet pas de localiser spatialement les zones modifiées par une pathologie ou une réaction physiologique, notamment lors d'activations cérébrales. La tomographie optique proche infrarouge résolue en temps est une technique absolument non invasive qui permet de suivre la propagation des photons proche infrarouge dans les tissus biologiques et de reconstruire des cartes de propriétés optiques, d'absorption et de diffusion. Elle permet également de caractériser et de localiser des sources lumineuses dans les tissus, comme les marqueurs fluorescents en particulier [HAW00].

L'InESS et le LINC collaborent depuis 1999 sur le développement d'équipements de tomographie optique des photons diffusés et de fluorescence (TODF). Ces travaux ont commencé avec la thèse de ma collègue Virginie Zint [ZIN02]. Cette thématique pluridisciplinaire requiert également des compétences poussées en traitement du signal pour la reconstruction des images. Celle-ci utilise une modélisation de la propagation des photons par des méthodes d'éléments finis que développe Murielle Torregrossa du LSIIT [TOR03].

Principe de la tomographie optique diffuse résolue en temps
La spectroscopie proche infrarouge (Near InfraRed Spectroscopy ou NIRS) exploite un domaine spectral, appelé fenêtre diagnostique, dans lequel la lumière est faiblement absorbée par les tissus et y pénètre sur des profondeurs de plusieurs centimètres. Ce domaine spectral est situé entre 650 et 900 nm. La détection de la lumière, diffusée après avoir interagi avec les tissus traversés, permet de recueillir des informations sur leurs propriétés optiques. Les propriétés d'absorption dans cette fenêtre diagnostique sont essentiellement dues à l'hémoglobine, présente sous forme oxydée et non oxydée. La liaison de molécules d'oxygène sur l'hémoglobine modifie en effet son spectre d'absorption. Les équipements NIRS commercialisés permettent donc de délivrer des informations sur

la quantité d'hémoglobine tissulaire totale et sur son taux d'oxygénation. Ils sont utilisés dans de nombreuses spécialités cliniques ou en recherche [WOL07][HAM07][HOS07]. Ils présentent cependant plusieurs limitations importantes, liées en particulier à la méconnaissance de la région explorée. Il est ainsi impossible de réaliser une cartographie des propriétés mesurées et de quantifier les concentrations d'hémoglobine.

Les trajectoires des photons dans les tissus sont fortement perturbées par les multiples évènements de diffusion. Ainsi chaque volume tissulaire doit être caractérisé par ses coefficients d'absorption et de diffusion ainsi que par l'anisotropie de diffusion [MON06]. La génération de cartes de coefficients optiques requiert des méthodes d'acquisition tomographiques et une étape de reconstruction d'images. Cette étape est particulièrement difficile, et de nombreux auteurs ont démontré que des techniques expérimentales résolues en temps apportent un maximum d'information, permettant de séparer les propriétés d'absorption et de diffusion, et génèrent des images de meilleure qualité [ARR99]. On peut comprendre l'intérêt des méthodes résolues en temps, sans entrer dans les détails de la théorie de la diffusion des photons, en observant les résultats de simulations de la Figure 34.

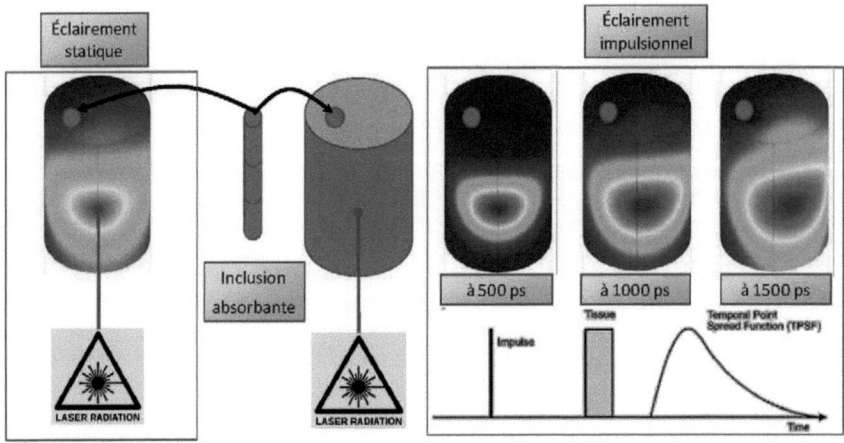

Figure 34 : Simulation de la sortie des photons à la surface d'un objet diffusant dans lequel une inclusion absorbante a été ajoutée. Sous éclairage statique (à gauche), sous éclairage impulsionnel puis une mesure à différents moments après l'impulsion lumineuse. Profil temporel typique d'une TPSF (à droite).

Un éclairage statique ne donne pratiquement pas d'information sur la présence de l'inclusion absorbante alors que l'approche temporelle nous donne une information spatiale. En effet, on peut voir que la sortie des photons à la surface de l'objet après une impulsion laser devient de plus en plus asymétrique avec le temps. L'explication est la suivante : la probabilité qu'un photon se fasse absorber à droite de l'objet et beaucoup plus faible qu'à gauche où il y a l'inclusion absorbante. Plus les photons diffusent longtemps dans le milieu, plus ils ont de la chance d'être absorbés par l'inclusion ce qui explique que les photons tardifs, donc ceux qui ont statistiquement le plus pénétré dans l'objet, sont moins nombreux à gauche. Le profil temporel à la sortie d'un milieu diffusant décrit une courbe d'étalement typique appelée TPSF (pour *temporal point spread fonction*) (voir Figure 34). Ce profil est plus court pour un milieu très absorbant et devient plus long pour un milieu très diffusant.

Ainsi une acquisition tomographique résolue en temps, couplée à une approche spectroscopique à plusieurs longueurs d'onde d'excitation permet de fournir des cartes de concentration de chromophores exogènes ou endogènes tels que l'hémoglobine, ainsi que son taux de saturation en oxygène [GIB05]. Enfin des cartes de concentration de marqueurs fluorescents et de leurs temps de vie peuvent être obtenues si de telles sondes sont utilisées [GAO08].

L'InESS et le LINC ont développé plusieurs systèmes de TODF : le premier est basé sur une source laser femtoseconde [SPE10] et une CBF conventionnelle, le deuxième utilise une source laser picoseconde à diode laser [PIC10] et des photomultiplicateurs [HAM10], le troisième utilise la même source, mais emploie des photodiodes à avalanche [IDQ10] comme détecteur alors que le dernier système est basé sur un intensificateur d'image [PHO10b]. Cette longue expérience de 10 années dans la conception de systèmes de TODF m'a permis d'acquérir une certaine expertise dans le vaste domaine de l'imagerie ultrarapide conventionnelle.

Les caméras à balayage de fente (projet TOPA)

Principe de fonctionnement d'une CBF conventionnelle

La CBF est l'instrument de détection direct de la lumière le plus rapide au monde. Elle peut être comparée à un oscilloscope optique, car elle permet d'observer l'évolution temporelle d'un événement optique et reprend d'ailleurs un peu le mode de fonctionnement des premiers oscilloscopes électroniques à tube. Le composant majeur de cet appareil est basé sur un tube à vide imageur modifié qui comprend 4 éléments principaux. Un étage de conversion photon vers électron (une photocathode), une optique électrostatique (ou parfois magnétostatique) de focalisation des électrons, une unité de balayage électronique (les plaques de déflexion) et une étape de conversion électron vers photon (l'écran de phosphore). Sur le tube utilisé pour nos travaux, une galette de microcanaux (MCP) est ajoutée devant l'écran afin d'amplifier le signal.

Le signal optique à mesurer $I_i(t,y)$, ici une TPSF pour l'exemple, est envoyé sur la fente mécanique. Pour l'explication, 3 photons sont arbitrairement identifiés sur la Figure 35 : le premier, en vert, au début de l'impulsion, le second, en rouge, au moment où l'intensité est maximale et le troisième, en bleu, vers la fin de l'impulsion. La distribution spatiale du signal selon l'axe de la fente y n'est pas prise en compte à ce niveau de l'explication. Une lentille ou un objectif photographique reproduit l'image de la fente sur la photocathode du tube à balayage de fente. Cette photocathode, selon sa nature, émet des photoélectrons avec une efficacité quantique qui dépend de l'énergie des photons incidents. Une grille placée à proximité de la photocathode permet d'en extraire ces photoélectrons et d'uniformiser leurs vitesses à l'aide d'un fort champ électrique crée par une haute tension appliquée entre ces deux éléments. Une anode, accélère et focalise les photoélectrons à travers le tube, qui lorsqu'ils passent entre les deux plaques de déflexion, seront déviés par un champ électrique variant obtenue par l'application d'une rampe de tension $V(t)$ rapide de typiquement plusieurs centaines de volts par nanoseconde. Par conséquent, le 1er photoélectron, exposé à une tension négative, est dévié vers le bas. Le second, passant les plaques de déflexion lorsque la tension est nulle, n'est pas dévié. Le troisième arrive lorsque la tension est positive et est dévié vers le haut du tube. La distribution temporelle de l'impulsion est donc convertie en distribution spatiale selon l'axe x au niveau des plaques de déflexions.

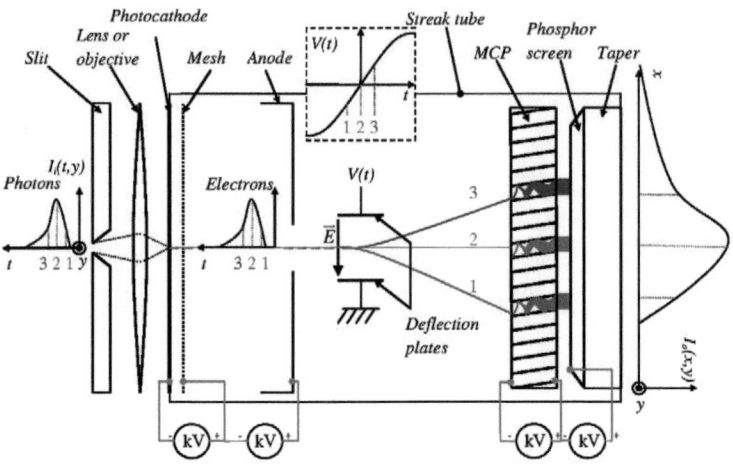

Figure 35 : Principe de fonctionnement de la caméra à balayage de fente conventionnelle de l'InESS [UHR02]

A la sortie du tube, cette distribution spatiale électronique est convertie en photon par l'écran de phosphore. Ce signal est souvent préalablement amplifié par l'intégration d'une MCP interne au tube, comme sur la Figure 35, ou bien par l'ajout d'un intensificateur d'image couplé à l'écran [CI10]. Comme le champ électrique créé par la tension V(t) entre les plaques de déflexion est supposé uniforme selon l'axe y, la distribution spatiale de la lumière selon la fente est directement reproduite sur l'écran de phosphore à un grandissement optique près. Le résultat est une image $I_o(x,y)$ dans laquelle la fente est représentée selon l'axe y, et l'axe x correspond à l'évolution temporelle du phénomène observé. La relation entre une position x de l'image de la fente et le temps t dépend de la pente S_R [V/ps] (*slew rate*) de la tension V(t) et la sensibilité de déflexion D_S [V/mm] du tube et est donnée par :

$$t = t_0 + \frac{D_s}{S_R} \cdot (x - x_0) \qquad (27)$$

Où x_0 est la position en mm de l'image de la fente sur l'écran de phosphore lorsque la tension $V(t_0) = 0$. Le rapport $D_S/S_R = S_s$ en [ps/mm] est appelé « vitesse de balayage ». La bande passante du phénomène de déflexion est très élevée et la résolution temporelle des CBF conventionnelles est limitée par beaucoup d'effets physiques qui contribuent tous un peu, à des degrés divers, à dégrader la résolution.

Résolution temporelle des CBF conventionnelles

La résolution temporelle ultime Δt_i d'une CBF dépend de la conception du tube à balayage utilisé, notamment la dispersion d'énergie d'émission des électrons au niveau de la photocathode [KIN87] [CSO71]. Elle s'étend de 200 fs pour les tubes les plus rapides à une dizaine de ps pour les tubes à très haute résolution spatiale. Cependant, la résolution temporelle Δt, caractérisée par la largeur à mi-hauteur (FWHM) de la réponse impulsionnelle d'une CBF, est dégradée par la mise en œuvre du tube [UHR02]. La dispersion des photons due aux optiques d'entrée peut être réduite à 10 fs [ZAV65] ce qui est relativement négligeable. Par contre, la résolution spatiale limite la résolution temporelle en relation avec la vitesse de balayage :

$$\Delta t_s = \frac{\delta_s}{S_s} \qquad (28)$$

Où δ_s est la largeur selon l'axe temporel de la fente statique obtenue en l'absence de balayage ($V(t) = 0$ Volts DC). Lorsque la largeur de la fente est bien optimisée, la valeur de δ_s est proche de la résolution spatiale du tube. Il faut donc une grande vitesse de balayage afin de limiter cet effet. Par ailleurs, lors du déplacement d'un paquet de photoélectrons dans le tube, l'interaction coulombienne entre charges de même nature à tendance à étaler ce paquet. Ce phénomène est connu sous l'appellation d'effet de charge d'espace qui dégrade à la fois la résolution spatiale, mais surtout la résolution temporelle. L'étalement Δt_{sc} de cet effet peut être très important, jusqu'à plusieurs dizaines de ps lors de l'acquisition d'une impulsion intense mesurée en mode simple tir [MON99]. Il y a donc une limitation entre la dynamique et par conséquent le rapport signal à bruit maximal atteignable pour les résolutions temporelles meilleures que la dizaine de ps. Des travaux récents tentent de limiter ce phénomène, mais aucune donnée quantifiée n'est encore disponible [HAR08]. Cependant, lorsque le signal est récurrent, l'effet de charge d'espace peut être réduit voir totalement annulé si moins d'un électron par impulsion transite dans le tube. Dans ce cas, le rapport signal à bruit peut être élevé à 10^5 ou plus. Néanmoins, la gigue de synchronisation Δt_j de la rampe de tension avec l'événement lumineux réduit à nouveau la résolution lors de l'accumulation des tirs. Pour résumer, si on suppose une distribution statistique gaussienne pour les différents phénomènes, la résolution temporelle de la caméra est donnée par :

$$\Delta t = \sqrt{\Delta t_s^2 + \Delta t_t^2 + \Delta t_{sc}^2 + \Delta t_j^2} \qquad (29)$$

On peut se référer au Tableau 7 pour connaître les performances typiques atteintes par les CBF conventionnelles actuelles. Elles permettent d'échantillonner environ 1000 voies spatiales à un taux de 1 THz, soit un taux d'échantillonnage global de 1 Ps/s. De plus, elles proposent des taux de répétition en accumulation qui peuvent atteindre 250 MHz [FER02].

Application des CBF à l'imagerie médicale par tomographie optique
Le premier système de TODF que l'InESS et le LINC ont conjointement développé (Figure 36) utilise un laser Titane-Saphir (Ti :Al$_2$O$_3$) et une CBF [RI1] (Figure 36) .

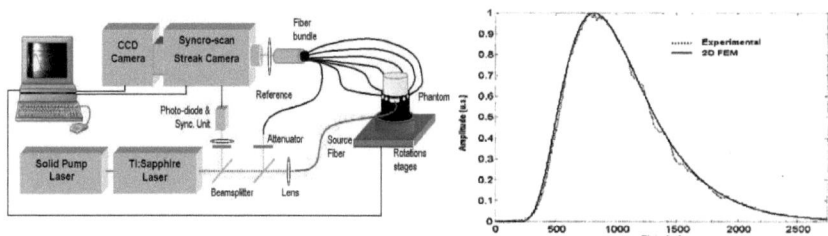

Figure 36 : Système de TODF développé conjointement par le LINC et l'InESS en 2002 à l'aide d'une CBF (à gauche), mesure et simulation 2D par élément fini du signal lumineux à la sortie de l'objet test (à droite)

Le laser est un modèle commercial *Tsunami* de Spectra-Physics [SPE10] qui délivre des impulsions d'une durée de 100 fs FWHM à une fréquence de répétition de 81 MHz et une longueur d'onde ajustable entre 750 et 910 nm. La caméra est celle que j'ai développée durant ma thèse [UHR02] et dont le principe de fonctionnement est décrit sur la Figure 35. Les systèmes de tomographie optique pour les applications médicales fonctionnent généralement en accumulation et à un haut taux de répétition. En effet, il convient de limiter la radiation lumineuse en dessous d'un seuil que les normes françaises spécifient à environ 1 mJ/cm² par impulsion au niveau de la rétine [NF06]. Il est donc préférable de travailler avec des impulsions plus faibles, mais plus nombreuses et de les accumuler. De ce fait, le nombre de photons à mesurer par impulsion est généralement faible, typiquement moins de 1 photon par impulsion lumineuse incidente. Le temps d'exposition peut alors dépasser quelques minutes lorsque le nombre de photons est très faible comme dans le cas de milieux très absorbants.

Les CBF conventionnelles sont très sensibles aux perturbations, il est alors indispensable de stabiliser l'instrument afin de garantir une bonne qualité d'image. En effet, les CBF sont généralement sujettes à une dérive de prés d'une centaine de fois leur résolution temporelle durant leur temps de chauffe qui dépasse les deux heures. J'ai développé un système de correction par traitement d'image et marqueur laser qui permet d'annuler complètement les dérives du CBF synchroscan. Ce système permet de maintenir la résolution de la CBF à mieux de 2 ps avec une durée d'intégration de plus de 30 min [CI6]. Par ailleurs, des études sur la conception générale électro-optique et électronique des CBF ont été menées en collaboration avec le 2ème constructeur mondial de CBF conventionnel, la société allemande Optronis GmbH, afin de faciliter le déploiement de ces techniques de stabilisation [CI10].

Ce système de TODF présente une résolution temporelle bien meilleure que 10 ps. Cependant, les applications d'imagerie médicale pour l'homme ne requièrent pas de telle résolution, car les durées typiques des TPSF sont de l'ordre de 1 à 2 ns comme on peut le voir sur la Figure 36. La résolution de la CBF reste tout de même nécessaire pour l'expérimentation chez le petit animal où la durée d'une TPSF n'est que d'une centaine de ps [CHA05]. Cette thématique était au centre du projet TOPA (Tomographie Optique du Petit Animal). Une résolution temporelle excessive est en réalité un problème, car le système n'est pas portable et son prix de revient s'élève à plus de 300 k€. Nous avons donc décidé de concevoir un système à coût moindre plus adapté à l'homme et qui pourrait être transporté. Ce système a dans une première génération été conçu avec des photomultiplicateurs, puis dans une seconde version encore plus transportable avec des photodiodes à avalanche.

Les PM et les photodiodes à avalanches en mode Geiger (NIRS)

Les photomultiplicateurs sont également des tubes à vide qui permettent d'amplifier un signal photonique. Contrairement aux CBF, ils ne font pas de conversion temporelle et n'ont pas de résolution spatiale. Leur unique fonction et de convertir un signal lumineux en signal électrique avec un très fort gain. Leur fonctionnement est décrit sur la Figure 37.

Une photocathode convertit les photons en photoélectron qui sont focalisés dans le tube à l'aide d'une électrode, puis les électrons heurtent des dynodes qui émettent des électrons secondaires [BRU54]. Plusieurs étages de dynodes permettent d'obtenir un gain qui peut aller à 10^8 électrons heurtant l'anode pour un photoélectron entrant. Ce gain très élevé permet de détecter un photon unique interagissant avec la photocathode. C'est ce mode de fonctionnement, appelé comptage de photon où encore *Time-Correlated Single Photon Counting* (TCSPC), qui est utilisé en tomographie optique appliquée à l'imagerie médicale [BEC05]. On pourra se référer au document [HAM06] pour toutes questions se référant au fonctionnement plus détaillé des PMs.

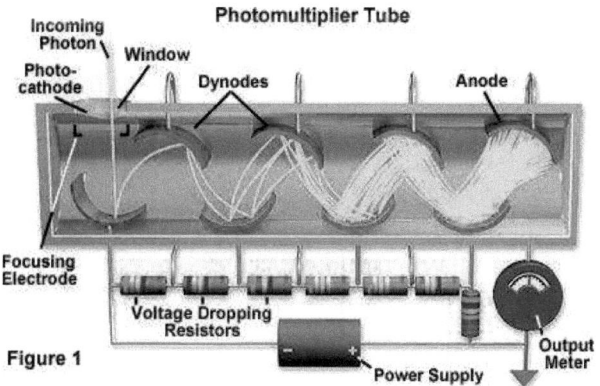

Figure 37 : Principe de fonctionnement d'un PM [MOL10].

Application des PMs à l'imagerie médicale par tomographie optique

Le système de TODF développé conjointement par le LINC et l'InESS en 2003 est représenté sur la Figure 38.

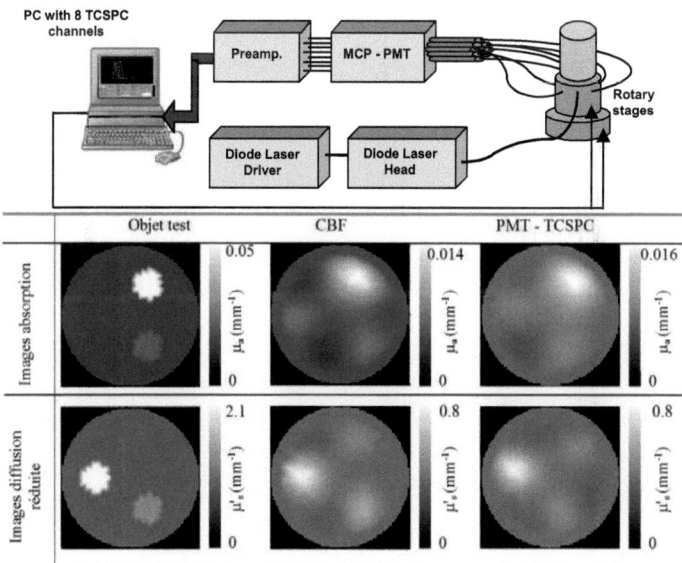

Figure 38 : Système de TODF développé conjointement par le LINC et l'InESS en 2002 à l'aide de PMs (en haut), résultats de reconstruction de cartographie d'absorption et de diffusion obtenue à l'aide du système a CBF et a CBF (en bas) [CI3].

La source laser d'un générateur électrique rapide (Sepia, Picoquant) qui pilote une diode laser en modulation de gain qui génère a son tour des impulsions lumineuses d'une durée de l'ordre de 70 à 110 ps à un taux de répétition maximal de 80 MHz. Le détecteur est un PM Hamamatsu (R4110U) à 8 anodes (8 voies) couplé à une carte de comptage de photon

Becker & Hickl (SPC 134). La réponse impulsionnelle du système est de 150 ps FWHM ce qui en fait un équipement d'imagerie ultrarapide. Cependant, le taux d'échantillonnage n'est que de 80 MS/s au maximum dans la mesure où le système ne détecte qu'un événement unique par impulsions laser.

Un objet test de propriétés optiques comparables aux tissus humains et incorporant des inclusions absorbantes et diffusantes a été utilisé pour caractériser les deux systèmes de TODF à CBF et PM (voir Figure 38). On peut voir sur les reconstructions que les images obtenues avec les deux dispositifs sont très similaires. Une simulation numérique a permis d'identifier que les artefacts des images reconstruites proviennent plus de la méthode de reconstruction que des défauts des appareils [CI3]. Des PMs en comptage de photon et une résolution temporelle de 150 ps sont donc compatibles pour la réalisation d'un système de TODF dédié à l'imagerie médicale pour l'homme. Cependant, le système reste encore relativement encombrant, difficilement transportable et assez onéreux.

Nous avons donc décidé avec l'équipe d'imagerie fonctionnelle du LINC de réaliser un système transportable et à faible coût tout en maintenant les mêmes performances et en ajoutant la possibilité de réaliser de la spectroscopie.

Projet NIRS
Collaboration InESS, LINC

La résolution spatiale obtenue par la tomographie optique ne pourra jamais égaler celle de l'imagerie par IRM ou scanner. Elle est par contre très prometteuse dans le cadre de l'imagerie fonctionnelle. L'imagerie fonctionnelle consiste à suivre les variations de la perfusion et de l'oxygénation tissulaire. Or les variations du signal physique lors d'une activation cérébrale par exemple sont dix fois plus fortes avec une mesure par spectroscopie proche infrarouge en tomographie optique qu'en IRM. De plus, l'IRM coûte cher et n'est pas transportable au chevet du patient. La tomographie optique diffuse ayant fait ses preuves en recherche dans l'imagerie fonctionnelle, les phases d'essais précliniques sont désormais envisagées. Nous avons pour cela conçu un système robuste, à coût de revient raisonnable et facilement transportable afin de pouvoir réaliser de l'imagerie fonctionnelle sur le cerveau du nouveau-né en pédiatrie avec Luc Marlier du LINC [RI11], [CI20] dans le cadre du projet NIRS (Near Infra-Red Spectroscopy). L'application consiste à évaluer l'activité cérébrale du nouveau-né déclenchée par des stimuli olfactifs.

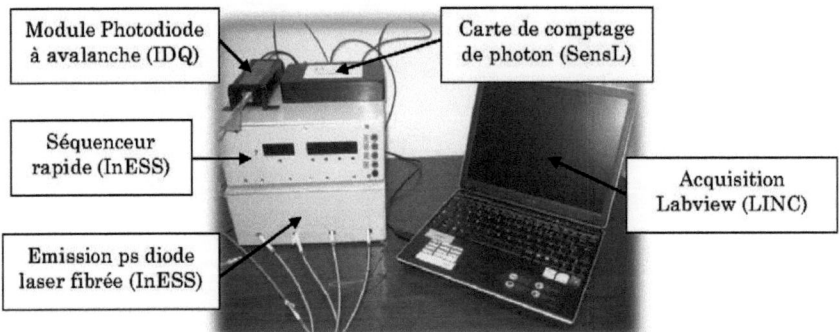

Figure 39 : Système de TODF a diode laser et photodiode à avalanche [CI18] 2009.

Ce système repose principalement sur une photodiode commerciale en mode Geiger de chez Idquantique SA (modèle id100-MMF50) [IDQ10], une carte de comptage de photon

(HRM-Time, SensL) [SEN10] et une source de lumière à diode laser pulsée en mode picoseconde [CI18] (Figure 39). C'est le premier système développé par l'InESS et le LINC uniquement en technologie « *solid-state* » ou encore « *tubeless* ». La robustesse, la compacité et le coût de revient du système permettent d'envisager des applications cliniques à grande échelle.

L'électronique de pilotage que j'ai conçue pour ce système permet d'atteindre des fréquences de fonctionnement supérieures à 100 MHz. Cette vitesse est toutefois un maximum imposé, non pas par l'électronique de pilotage, mais par le phénomène physique à mesurer lui même. En effet, la durée des TPSF est de l'ordre de quelques ns et afin de bien mesurer le signal, il est nécessaire d'attendre que tous les photons de l'impulsion précédente soient sortis du tissu biologique avant de refaire une mesure, ce qui est le cas avec une période de répétition de 10 ns. Utiliser la fréquence de répétition maximale imposée par la physique du phénomène permet de réduire le temps d'acquisition au plus court, ce qui est un avantage évident en termes de confort pour le patient ou bien en ce qui concerne la résolution temporelle pour l'observation des phénomènes physiologiques.

Le module d'émission d'impulsion lumineuse réalisée utilise un phénomène physique particulier des diodes lasers afin d'obtenir des impulsions d'une durée inférieure à 100 ps pour une énergie par impulsion de quelques dizaines de picojoules [CI5]. Ce phénomène est expliqué en fin de chapitre.

Les intensificateurs d'image (SPIRIT)

Projet SPIRIT
Collaboration InESS, LINC, Photonis, Telmat, montena EMC

Post-doctorat Benoît Dubois.

Les caméras à balayage de fente en mode « *framing* », inventé en 1981 par Sibbett et Niu [NIU81] peuvent acquérir des images en 2D avec une résolution temporelle de l'ordre de quelques ps en simple tir, c'est-à-dire a une fréquence supérieure à 100 milliards d'ips [JI02]. Il suffit pour cela de placer une matrice de trou devant la caméra et de balayer l'image de cette matrice en prenant garde de ne pas superposer les points entre eux. L'inconvénient de cette méthode est que la résolution spatiale est dégradée à environ 40×40 points environ [SHI08]. De plus, une résolution d'une centaine de ps est suffisante pour notre application à l'homme et le phénomène lumineux à mesurer peut être répété.

Le projet NIRS utilise des fibres optiques afin d'injecter et de recueillir la lumière sur la peau du patient. Cela entraine des contraintes pendant la mesure en obligeant le patient à rester immobile, ce qui est délicat chez les nouveau-nés. C'est pourquoi, un projet encore plus ambitieux à débuté en septembre 2008, le projet SPIRIT (Spectroscopie proche infra rouge par imagerie temporelle) pour lequel j'encadre le post doctorat de Benoît Dubois pour 24 mois. Cette nouvelle approche consiste à éclairer la zone d'intérêt uniformément à l'aide d'un diffuseur intégré sur une fibre optique et de la filmer en 2 dimensions avec une caméra intensifiée (voir Figure 40)

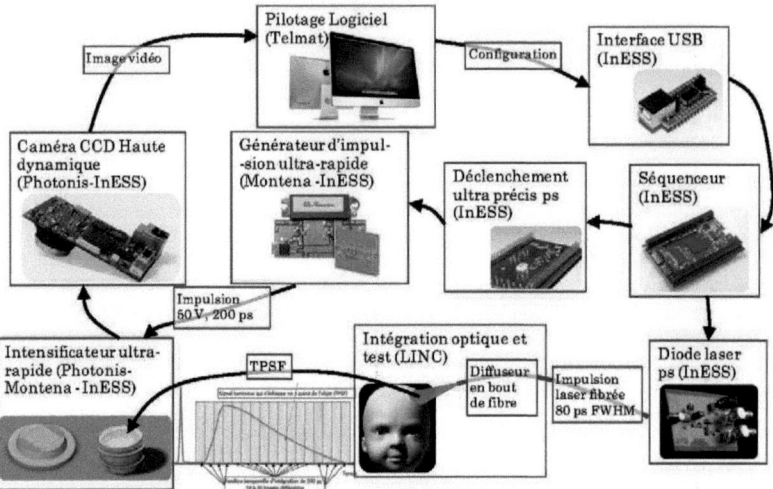

Figure 40 : Synoptique du système de TODF sans contact du projet SPIRIT.

Un intensificateur d'image est l'élément qui répond le mieux aux besoins de ce projet. En effet, il permet d'intensifier une image en 2D et il est possible de ne le faire que durant un laps de temps très court. Le principe de fonctionnement d'un intensificateur est décrit sur la Figure 41. On peut le voir comme un tube de CBF plus court auquel on a enlevé l'étage de déflexion. Les intensificateurs récents fonctionnent presque tous en focalisation par proximité, c'est-à-dire que la photocathode est la MCP sont très proche l'une de l'autre et que le champ électrique appliqué entre ces éléments est si important qu'il dirige très fortement les électrons dans l'axe du tube.

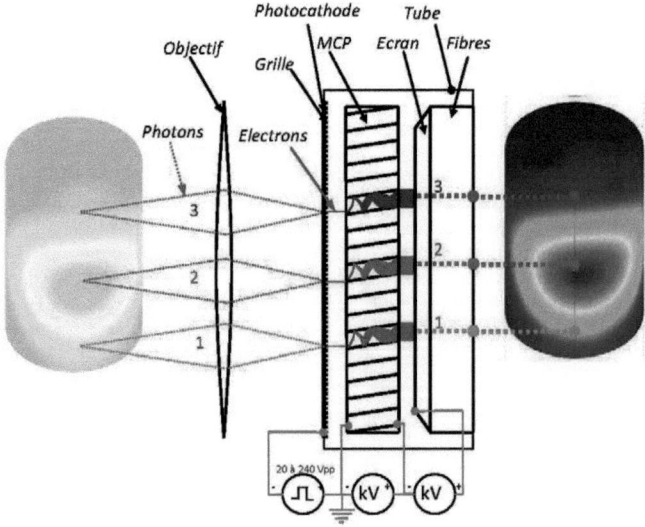

Figure 41 : Principe de fonctionnement d'un intensificateur d'image

La résolution spatiale de ces tubes peut ainsi atteindre 80 paires de lignes par millimètre (pl/mm). De plus, il est possible d'obturer le dispositif en appliquant une tension positive sur la photocathode. Dans ce cas, aucun électron émis par la photocathode ne peut atteindre la MCP. En appliquant une impulsion négative, on permet à nouveau à l'intensificateur de jouer son rôle d'amplificateur. La difficulté de générer une impulsion électrique rapide et de haute tension conduit à diminuer la valeur du champ électrique de sorte que la résolution spatiale est généralement réduite à une dizaine de pl/mm [XIA07] ce qui reste tout de même acceptable pour notre application. Par ailleurs, la sensibilité de ces dispositifs permet d'envisager des applications jusqu'au comptage de photon unique [GIN09].

Nous avons donc choisi d'utiliser le principe d'acquisition par fenêtre temporelle décrit sur la Figure 42. Il consiste à prendre une image 2D de la scène, d'environ 512×512 points, au début de la TPSF en obturant la caméra, puis une autre mesure est réitérée en décalant la fenêtre d'intégration, d'une durée de 100 à 300 ps environ, sur un second tir laser, et ainsi de suite jusqu'à la fin de la TPSF. Le taux global d'échantillonnage est ainsi comparable à celui des CBF conventionnelles, de l'ordre de 1 Péta-échantillon/s.

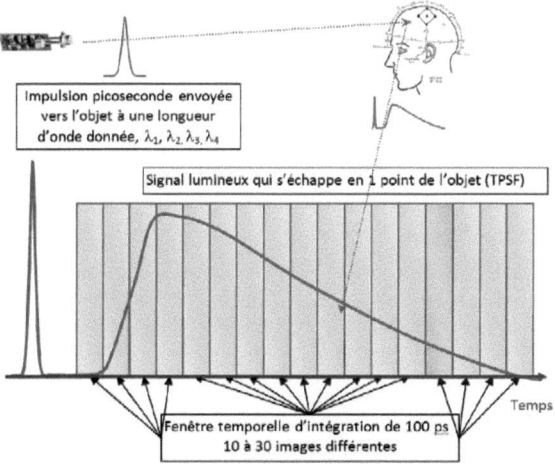

Figure 42 : Principe d'acquisition du système de TODF sans contact du projet SPIRIT.

On estime que 10 à 30 images sont suffisantes pour bien caractériser les paramètres temporels des TPSF. Le très faible nombre de photons disponibles ainsi que la résolution temporelle que requiert cette application nécessitent une caméra intensifiée capable de produire un temps d'obturation de quelques centaines de picosecondes avec un taux de répétition de l'ordre de 100 MHz. Le but du projet est de créer la chaîne instrumentale complète décrite sur la Figure 40 comprenant, entre autres, un séquenceur rapide pouvant contrôler tout le système, quatre sources lumineuses picosecondes à diode laser à différente longueur d'onde dans le proche infrarouge, un intensificateur d'image à galette de microcanaux couplé à l'électronique ultrarapide et à haute tension qui permet de créer l'obturation de sa photocathode, ainsi qu'une caméra de lecture à haute dynamique [CN15]. L'InESS est un partenaire essentiel du projet et intervient dans toutes les phases et éléments clés [RN1]. En effet, nous avons en charge la conception du séquenceur rapide, des sources lumineuses pulsées à haute cadence, de l'optique et de la caméra de lecture. De plus, les partenaires ont fait appel à nos compétences en physique et en électronique impulsionnelle ultrarapide à plusieurs reprises pour résoudre leurs problèmes. Nous avons travaillé en étroite collaboration avec la société suisse montena EMC afin de concevoir l'électronique de pilotage de l'intensificateur. En effet, il est très difficile de réaliser un générateur de haute tension ultrarapide. Forts de cette expérience, nous avons défini un nouveau design de tube intensificateur adapté à l'excitation d'impulsions électriques ultrarapides en collaboration avec la société Photonis. Il s'avère en effet que les tubes classiques ne propagent pas correctement l'onde électromagnétique dans l'espace photocathode/MCP et qu'une approche de guide d'onde de type microstrip est nécessaire pour descendre en dessous de la nanoseconde. Par ailleurs, le très haut taux de répétition impose de fortes contraintes thermiques qui doivent être réduites en limitant les pertes.

Constructeur	Model	Obturation	Taux de répétition	Remarques
Standford computer optics	4 Picos, digital HR	200 ps — DC	DC-3,3 MHz burst DC-200 kHz continu	220 V d'obturation
Standford computer optics	XXRapidFrame	200 ps –DC	DC-3,3 MHz burst DC-200 kHz continu	Multiframe basé sur l'intégration de 4 Picos
Lavision	PicoStar	100 ps	DC-10 KHz	Intensificateur 18 mm
Lavision	PicoStar HR	300 ps	110 MHz fixe	Intensificateur 18 mm
Lavision	PicoStar UF	80 ps	DC-10 KHz	Intensificateur 12 mm
Kentech	Ultrafast GOI	65 ps	DC-5 KHz	Intensificateur 11 mm
Kentech	HRI Slave	500 ps	DC à 100 MHz	40 V obturation 12 pl/mm
Kentech	HRI Comb	300 à >1000 ps	~100 MHz	15 V obturation 8 pl/mm
Kentech	HRI RF	Max 50% $T=1/f$	$f = 1$ à 800 MHz	20 Vpp 8 pl/mm
Consortium Spirit	SPIRIT	100 à 300 ps	100 MHz	10 à 30 V obturation

Tableau 13 : Etat de l'art des caméras intensifiées ultrarapides (<1 ns)

La grande difficulté de conception et de mise en œuvre des générateurs électriques haute tension et ultrarapides explique pourquoi il n'existe actuellement que trois entreprises au monde qui proposent des caméras intensifiées avec des durées d'obturation proches de la centaine de 100 ps (voir Tableau 13). De plus, la société allemande Lavision utilise la technologie Kentech avec, certes, une approche plus « commerciale ». Ces caméras sont actuellement utilisées par d'autres équipes de recherche dans des systèmes de TODF à très haut taux de répétition, proche de la centaine de MHz [DOW98][MAR04][EFR07a]. Il n'y a donc pour le moment qu'une seule entreprise qui maîtrise la technologie aux alentours de 100 MHz.

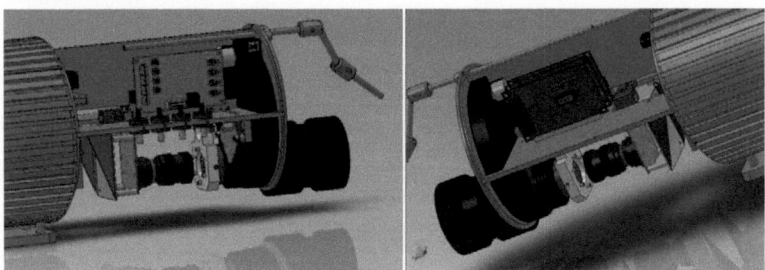

Figure 43 : Assemblage mécanique de la caméra. On distingue l'objectif externe, l'intensificateur (en rouge), l'optique relais vers la carte CCD (en bas), l'électronique du pilotage (à droite), la carte de pilotage des 4 diodes laser et le bras télescopique de sortie de fibre (à gauche).

D'après le Tableau 13, on remarque que les spécifications de la caméra du consortium Spirit (Photonis, montena, InESS, LINC) la placent à côté, voir même devant les systèmes disposant des meilleures performances mondiales en très haut taux de répétition. On peut voir l'assemblage mécanique des différents éléments de la caméra du projet SPIRIT sur la Figure 43. La caméra intègre tous les éléments du synoptique de la Figure 40 (à l'exclusion de l'ordinateur bien entendu) et elle dispose d'une interface USB pour le pilotage et Ethernet pour le transfert des images. Le système complet, un ordinateur et la caméra, est réellement compact et transportable. Ce projet dispose d'un fort potentiel de valorisation sur les différentes briques technologique en cours de développement, les publications prévues sont donc pour l'instant bloquées afin de ne pas empêcher les dépôts de brevet.

L'émission picoseconde par diode laser

L'élément commun aux systèmes de TODF portables et à faible coût est l'utilisation de source de lumière pulsée picoseconde à diode laser. En effet, il est possible d'obtenir des impulsions lumineuses de l'ordre de 50 à 100 ps en pilotant la diode laser avec des impulsions rapides de haute amplitude. Cette technique découverte à la fin des années 1970 [HO78] est connue sous l'appellation *gain switching*. Des effets non linéaires permettent d'obtenir des impulsions lumineuses beaucoup plus courtes que les impulsions électriques d'excitation [LAU88]. Ce phénomène a pu être correctement observé à l'aide de mesures réalisées avec des CBF et il est décrit théoriquement par les équations dynamiques classiques des lasers :

$$\frac{dn}{dt} = \frac{J}{q \cdot d} - \frac{n}{\tau_s} - \frac{A \cdot s \cdot (n - n_{tr})}{1 + \varepsilon \cdot s}$$
$$\frac{ds}{dt} = \frac{A \cdot s \cdot (n - n_{tr})}{1 + \varepsilon \cdot s} - \frac{s}{\tau_p} + \beta \cdot n$$
(30)

Où n et s sont les densités d'électron et de photon, τ_s et τ_p sont les durées de vie des porteurs et des photons, A est le gain de la cavité, J est la densité de courant injectée, n_{tr} est la densité de porteur à la transparence, β est le facteur d'émission spontané et ε est le facteur de compression de gain. Bien que ces équations suffisent à décrire le phénomène d'émission rapide, nous avons écrit un modèle de diode laser intégrant également les effets thermiques qui sont très importants dans ces dispositifs [BYR89]. En effet, cette modélisation est indispensable pour étudier les phénomènes transitoires à la mise en route et à l'extinction des tirs laser.

On peut comprendre assez facilement le phénomène d'émission picoseconde à l'aide de la simulation obtenue avec notre modèle (voir Figure 44). Une impulsion électrique gaussienne de 1,3 ns FWHM injecte un courant qui permet de pomper la diode. La densité d'électron n augmente dès que la tension directe de la diode est dépassée. Lorsque le niveau de transparence n_{tr} est atteint, la densité de photon s augmente brusquement par l'émission stimulée, ce qui a pour conséquence de dépeupler rapidement la densité d'électrons excités, ce qui rend la cavité à nouveau opaque, car la densité d'électron est redescendue en dessous du seuil de transparence. Il en résulte une impulsion lumineuse qui croit et décroit très rapidement. On peut résumer le phénomène physique ainsi : lorsqu'une diode laser commence à émettre de la lumière, elle a tendance à s'éteindre spontanément. Si l'impulsion électrique est suffisamment courte, il n'en résulte qu'une seule émission. Si, par contre, elle dure trop longtemps, la diode réémet une impulsion (voir Figure 44). Dans le cas d'un signal électrique en échelon, la diode subit ces transitoires jusqu'à atteindre un niveau d'équilibre ou elle émet en continu.

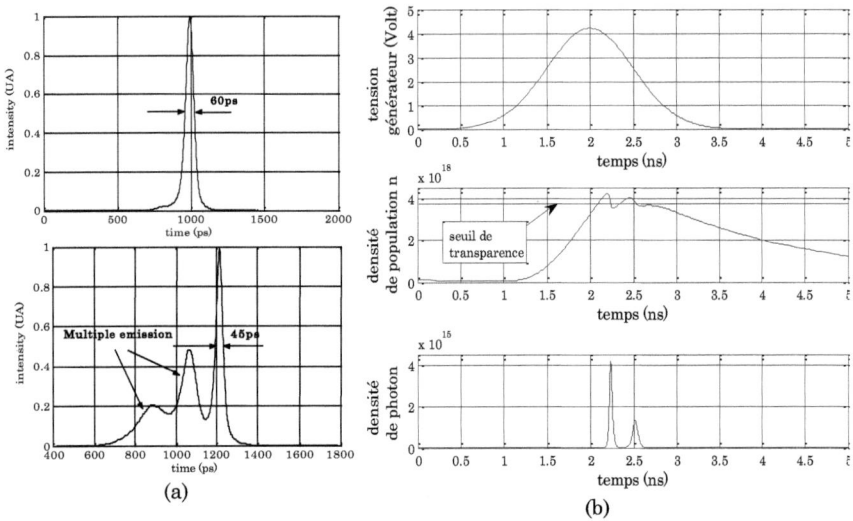

Figure 44 : Mesure expérimentale d'émission picoseconde avec une diode laser pour une impulsion unique (en haut) et pour des émissions multiples (en bas) (a) [CI18], simulation de l'émission avec une impulsion électrique gaussienne (en haut), la densité de population inversée dans la diode laser (au centre) et densité de photon dans la cavité laser (en bas) (b).

Il existe peu d'entreprises qui commercialisent des émetteurs d'impulsion laser picoseconde à diode laser et, par conséquent, le prix de vente est relativement élevé (environ 6 k€ pour le séquenceur et 3 à 9 k€ la tête d'émission laser). De plus, aucun système ne permet de couvrir la bande de taux de répétition de DC à 100 MHz.

Constructeur	Model	FWHM	Fréquence	Puissance	Remarques
Picoquant	PDL 800-D	50 à 130 ps	30 kHz -80 MHz	30 à 1000 mW	375 à 1550 nm.
Hamamatsu	PLP- 10	70 à 180 ps	DC-50 MHz	5 à 100 mW	375 à 1550 nm
Advanced laser diode systems	1 MHz Pilas	25 à 100 ps	DC-1 MHz	20 à 400 mW peak	375 à 1550 nm <50 ps dans le visible
Advanced laser diode systems	Fast Pilas	30 à 100 ps	100 Mhz fixe	20 à 100 mW	<60 ps dans le visible
AlphaLas	-	>50 ps	DC-80 MHz	10 à 100 mW	380 à 1550 nm
Horiba	Nanoled	70 ps typ, 200 ps max	DC-1 MHz	-	-
InESS	[CI5]	50 à 130 ps	DC-160 MHz	30 à 400 mW	650 à 970 nm
InESS	Comb	60 à 80 ps	~900 MHz	65 à 80	650 nm

Tableau 14 : Systèmes d'émission d'impulsions picosecondes à diode laser disponibles sur le marché.

C'est pourquoi nous avons développé notre propre système d'émission dont les performances sont égales voir supérieures aux systèmes commerciaux, pour un coût beaucoup plus raisonnable (environ 300 € de matériel au total). L'électronique du générateur d'impulsion, principalement basée sur une technologie de transistors bipolaires radiofréquence (Figure 45) est l'élément critique du système. De nombreuses demandes de complément d'informations concernant la réalisation pratique de ce système d'émission picoseconde ont émané de laboratoires et d'universités étrangers suite à sa publication dans une conférence internationale [CI5]. Des équipes ont récemment repris ce développement dans leurs travaux scientifiques [BAR10].

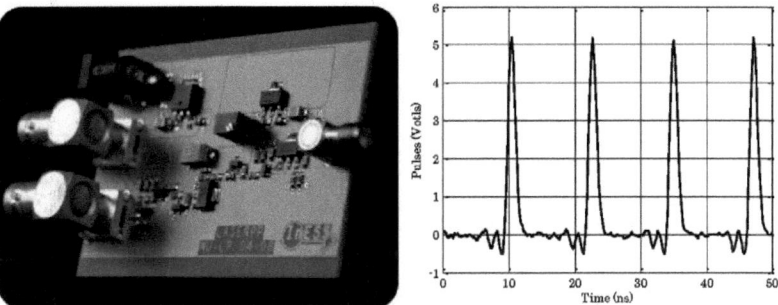

Figure 45 : Electronique du générateur d'impulsion rapide (à gauche) et exemple de sa tension de sortie pour une fréquence de répétition de 80 MHz (à droite).

Conclusion sur l'imagerie ultrarapide conventionnelle en TODF

Durant ces 10 dernières années, l'InESS, en collaboration avec le LINC, a réalisé plusieurs systèmes de tomographie optique de diffusion et de fluorescence. Toutes les technologies d'imagerie ultrarapide conventionnelle ont été explorées : les caméras à balayage de fente, les photomultiplicateurs, les photodiodes à avalanche et les intensificateurs d'image.

Les systèmes à base de CBF sont relativement chers et encombrants. Ils sont toutefois nécessaires pour les applications spécifiques, telles que les recherches sur le petit animal, pour lesquelles la résolution temporelle doit être meilleure que 100 ps. L'injection et la collecte de la lumière sont réalisées par fibres optiques apposées sur l'animal.

Les systèmes à base de PM sont moins onéreux et leurs caractéristiques se prêtent bien à l'application de la tomographie proche infrarouge sur l'homme. Néanmoins, ces équipements restent difficiles à transporter, car ils sont encombrants et fragiles. Les systèmes conçus à l'aide de photodiodes à avalanche en mode Geiger et de diode laser en mode picoseconde sont bien adaptés à l'application de spectroscopie et d'imagerie fonctionnelle par tomographie optique pour l'homme. Les éléments électroniques à l'état solide offrent une compacité, une robustesse et une portabilité qui permet d'envisager une application clinique à large échelle au chevet du patient. L'injection et la collecte de la lumière sont réalisées par fibres optiques apposées sur le patient. La réalisation d'un système analogue de TODF en comptage de photon entièrement intégré dans un seul circuit fait partie de mes prospectives.

Les systèmes utilisant des intensificateurs d'image en obturation ultrarapide disposent d'une résolution temporelle suffisante pour les applications de TODF à l'homme. De plus, la collecte de la lumière se fait sans contact avec le patient ce qui offre un confort d'utilisation et permet même d'envisager des applications différentes. La réalisation de ces systèmes requiert toutefois des générateurs d'impulsions électriques délicats et une modification profonde du processus de réalisation des tubes imageurs afin qu'ils puissent supporter la dissipation d'énergie engendrée par l'excitation électrique à très haut taux de répétition. La continuité de ce projet fait partie de mes prospectives de recherche à court terme.

7. Prospectives

Les alternatives aux CBF conventionnelles ont-elles un intérêt ?

Les caméras à déflexion optique
La résolution temporelle des CBF conventionnelles plafonne aujourd'hui à 100 fs environ [AGE09] en mode simple tir. Plusieurs travaux tentent de repousser les limites de mesures des signaux lumineux ultrarapides en utilisant d'autres techniques. Des méthodes utilisant des lentilles temporelles [BEN99] et des conversions temps vers fréquence [FOS08] ont permis l'acquisition de signaux ultrarapides avec une résolution de 300 fs environ à l'aide de photodiodes rapides, ou de circuits silicium. On a vu que le rapport signal à bruit (SNR) des CBF conventionnelles n'est pas bon pour les résolutions inférieures à la picoseconde en mode simple tir à cause du phénomène de charge d'espace. En effet, dans ce mode, pour maintenir une résolution subpicoseconde, il est nécessaire de limiter le nombre de photoélectrons. Par conséquent, le rapport signal à bruit (SNR) se rapproche de 1.

D'autres techniques permettent d'augmenter le SNR pour des résolutions picoseconde en opérant la déflexion sur les photons plutôt que sur les électrons. La déflexion photonique peut être réalisée par un guide d'onde plat de substrat AsGa pompé optiquement (voir Figure 46 à gauche). Le motif d'or imprimé sur le guide permet de réaliser des prismes, par le changement d'indice que créent les charges générées par le pompage optique selon le principe d'écrit dans [LI91] (voir Figure 46 à droite) qui vont dévier la lumière selon le nombre de prismes à traverser. Il faut que toute l'impulsion soit présente dans le guide au moment du pompage [SAR10] (voir Figure 46). La résolution obtenue est de 2,5 ps, et la fenêtre d'observation est de 50 ps. La profondeur de mémoire n'est donc que de 20 points environ et il faudrait empiler des guides d'ondes pour faire une caméra multicanaux, ce qui semble un peu difficile. L'inconvénient général de toutes ces approches est l'utilisation d'un laser pompe, ce qui pose des problèmes d'encombrement, de coût, de mise en œuvre, de synchronisation, etc.

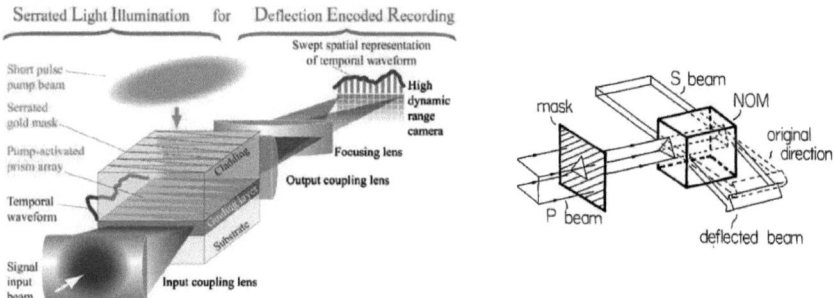

Figure 46 : Schéma de la déflexion optique induite par modulation spatiale de pompage en forme de triangle [LI91] (à gauche), Le concept de CBF par déflexion optique sur un guide d'onde de [SAR10] (à droite).

On reporte, par ailleurs, des déflecteurs électro-optiques (EOD) [HIS05] (résolution temporelle de 1,5 ps FWHM) comme des modulateurs à multiples puits quantiques [JAR08] (SNR de 8 dB seulement). Malgré l'absence de laser pompe, la mise en œuvre des ces techniques n'est toujours pas évidente. En effet, le système décrit sur la Figure 47 utilise deux EOD modulés à plus de 16 GHz et déphasés de π/2 pour réaliser une déflexion circulaire. La synchronisation de l'événement avec le signal devient pratiquement impossible, comme avec les caméras à miroir rotatif. Ce système offre une résolution temporelle de 5 ps et une fenêtre temporelle limitée à la période de la modulation électrique de 61 ps, soit une douzaine d'échantillons.

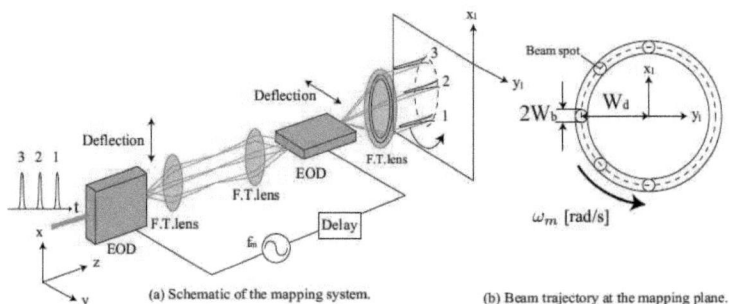

Figure 47 : Principe de la conversion temps vers espace par déflexion électro-optique (EOD) proposée par [HIS08]. Le délai entre les deux EOD est ajusté de façon a avoir un déphasage de π/2 (a). Ainsi, le signal décrit un cercle dans le temps (b).

Notons finalement que ces principes de déflexion sont très difficilement paraléllisables et qu'il est donc pratiquement impossible d'obtenir une dimension spatiale. La fonction CBF n'est donc que partiellement atteinte à l'aide de ces systèmes qui ne garantissent finalement qu'une résolution temporelle équivalente à celle des CBF conventionnelles sans offrir de résolution spatiale correcte. Cette dernière technologie à donc encore de beaux jours devant elle dans les résolutions temporelles proches de la picoseconde.

Les CBF intégrées

Nous avons vu dans le chapitre sur les capteurs intégrés ultrarapides qu'il est possible d'effectuer la fonction CBF en technologie CMOS standard avec une résolution temporelle de l'ordre de la nanoseconde soit trois ordres de grandeur au-dessus de celle des CBF conventionnelles. Cependant, les CBF intégrées présentent des caractéristiques intrinsèques intéressantes par rapport aux CBF conventionnelles. Un des avantages évidents est la très faible, voire l'absence totale, de distorsion spatio-temporelle qui est un problème présent dans toutes les CBF conventionnelles et qui a fait l'objet de plusieurs travaux [AUB02]. En effet, la précision de l'axe spatial est assurée par le procédé de lithographie de la technologie CMOS et nos travaux ont démontré [RI10] que la non-linéarité de l'axe temporel généré par les unités de balayage à VCDL ou à registre à décalage est inférieure à 1%, ce qui est bien meilleur que celle des CBF conventionnelles.

Un autre avantage est l'absence du phénomène de charge d'espace aux très fortes intensités d'éclairement, notamment en mode simple tir. Une CBF intégrée peut donc afficher de meilleures résolutions avec de grands rapports signal à bruit pour peu qu'elle atteigne une résolution temporelle d'environ 100 ps et que l'intensité lumineuse du signal à mesurer soit forte. Cette limite de 100 ps semble également un objectif à atteindre si l'on veut que les CBF intégrées trouvent des applications et donc des débouchés commerciaux. Bien qu'il soit difficile d'obtenir des chiffres exacts, nos contacts chez les fabricants principaux de CBF estiment qu'une caméra sur trois est utilisée avec des vitesses de balayages relativement lentes où les résolutions temporelles sont supérieures ou égales à 100 ps. On peut citer les applications de spectroscopie résolue en temps pour lesquelles les fenêtres d'observation utilisées vont de quelques nanosecondes, comme la photoluminescence [IZE06], à quelques microsecondes comme l'étude des queues de plasma en ablation laser [BAI88]. On peut également mentionner les applications d'imagerie résolues en temps de milieux diffusants [HEB93], ou encore la vélocimétrie Doppler Laser dans laquelle la résolution temporelle est de l'ordre de la dizaine de nanosecondes et la puissance des lasers d'environ 1 kW pour une impulsion de 60 µs [MER03].

D'un point de vue commercial comme d'un point de vue des performances, les CBFI se positionnent sur un segment de marché actuellement vide qui se place entre les caméras vidéo rapides, dont le prix varie entre 10 et 20 k€ environ et les CBF conventionnelles dont le prix varie de 100 à 200 k€. Le prix de vente de lancement d'une CBFI pour une pénétration du marché le prix se situerait donc aux alentour de 30 à 40 k€. Il faut noter que le prix d'une solution « oscilloscope rapide » offrant une bande passante de 3 GHz est supérieur à 30 k€ auquel il faut ajouter un optocoupleur rapide à environ 5 k€ [LEC10] [AGI10]. Cette solution permet d'obtenir une profondeur mémoire de plusieurs millions d'échantillons, mais elle ne donne pas de résolution spatiale ou spectrométrique ce qui différencie totalement ces deux approches pourtant concurrentes en terme de prix et de résolution temporelle.

L'avenir des CBF intégrées à court terme.

Les CBFI sont donc une alternative intéressante aux CBF conventionnelles. On a déjà évoqué les avantages de compacité, de robustesse, de facilité de fabrication et de mise en œuvre. Il faut donc se fixer deux objectifs : l'amélioration de la résolution temporelle jusqu'à 100 ps et l'augmentation de la sensibilité d'un ordre de grandeur environ. Or, ces objectifs semblent atteignables à court terme en migrant et en améliorant nos architectures actuelles de CBFI vers des technologies à 180 ou 130 nm à l'aide des concepts qui suivent.

Bande passante des photodiodes (en technologie CMOS standard)

Le premier élément de la chaîne, la photodiode, doit bien évidemment faire l'objet de la plus grande attention afin d'en tirer le maximum de performance à la fois sur la rapidité et sur la sensibilité. Le silicium étant un semi-conducteur à gap indirect, l'interaction lumière matière requière également celle d'un phonon pour les photons de longueur d'onde supérieure à 380 nm environ. La probabilité d'interaction diminue énormément au-delà de cette limite et, par conséquent, la profondeur d'absorption des photons augmente fortement de quelques nanomètres à plus d'un millimètre sur la plage de longueur d'onde de 200 à 1100 nanomètres (voir Figure 48).

Or, les photodiodes réalisées en technologie standard CMOS sont des dispositifs de surface. On dispose en effet de 3 couches principales pour les réaliser : la diffusion P_{diff} ou N_{diff}, fortement dopée, mais uniquement sur une profondeur de quelques centaines de nanomètres, le caisson N_{well}, modérément dopé sur une profondeur de quelques micromètres et enfin le substrat P, faiblement dopé, d'une épaisseur de plusieurs centaines de micromètres. Sur la Figure 48 on a tracé les profondeurs de jonction typiques des technologies CMOS. Pour une longueur d'onde inférieure à 450 nm, la photodiode P_{diff}/N_{well} sera efficace. Pour des longueurs d'onde jusqu'à 600 nm environ, la photodiode N_{well}/P_{sub} peut prendre le relais, mais pour les longueurs d'onde supérieures, aucune des diodes n'est efficace. A titre d'exemple, on peut voir sur la Figure 48 la simulation de la distribution des charges libres d'une double photodiode $P_{diff}/N_{well}/P_{sub}$ après une impulsion de Dirac lumineuse à 850 nm. A t=0, la distribution de charge suit la loi exponentielle bien connue avec une profondeur d'absorption de l'ordre de 20 µm. Les charges créées dans les zones de charges d'espace (ZCE) sont très rapidement collectées par un courant de conduction J_{depl}. En dehors de ces zones, les charges sont collectées par diffusion de manière plus ou moins rapide et efficace. On remarque que les charges des zones P_{diff} et N_{well} sont évacuées en seulement 200 ps environ par les courants de diffusion J_{Pdiff} et J_{Nwell} car elles sont relativement confinées alors que les charges créées profondément dans le substrat restent présentes pendant plus de 100 ns. La réponse totale de la diode est donc :

$$J_{tot} = J_{depl} + J_{Pdiff} + J_{Nwell} + J_{Psub} \tag{31}$$

Les bandes passantes de ces courants dépendent fortement de la distribution des charges et donc de la longueur d'onde. A 850 nm, la bande passante du courant de substrat J_{Psub} est de l'ordre de 1 MHz seulement alors que celles des courants de diffusion J_{Nwell} et J_{Pdiff} sont de l'ordre du gigahertz [RAD05]. De plus, il est possible d'augmenter encore cette dernière en modulant spatialement l'implantation (SMI) P_{diff} afin de créer des ZCE latérales intermédiaires en surface [CHE07a]

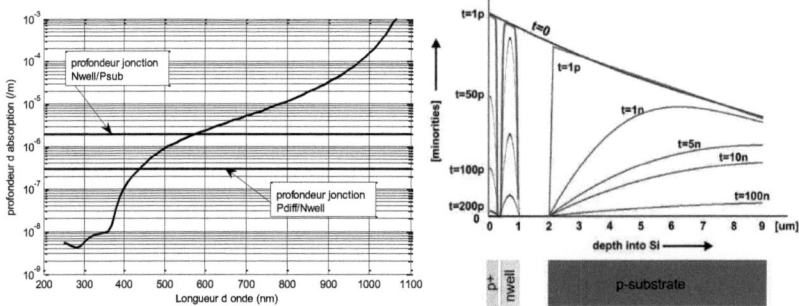

Figure 48 : Coefficient d'absorption des photons dans le silicium en fonction de leur longueur d'onde (à gauche), Simulation de la distribution des charges libres d'une double photodiode $P_{diff}/N_{well}/P_{sub}$ après une impulsion laser à 850 nm (à droite) [RAD05].

A partir de ce constat, plusieurs approches sont possibles pour augmenter la vitesse de ces capteurs. Il est possible de supprimer les courants de substrat, soit en utilisant la diode N_{well}/P_{sub} comme écran en connectant le caisson N_{well} à un potentiel fixe, ce qui permet d'isoler la diode P_{diff}/N_{well} [HUA07], soit en soustrayant, à l'aide d'une électronique appropriée, le courant de substrat récolté par une photodiode voisine et masquée de la lumière par du métal (*Spatial Modulation of Light* - SML) [JUT05]. En effet, les charges dans le substrat diffusent suffisamment pour être captées par une jonction voisine. Cette technique est encore plus efficace si on entrelace les zones actives et cachées [HUA09] (voir Figure 49).

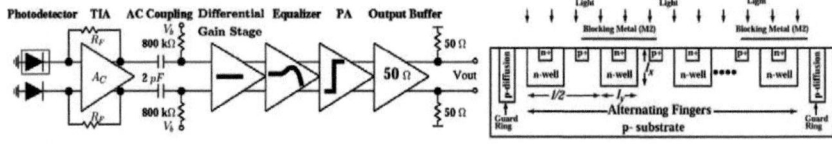

Figure 49 : Architecture d'un récepteur optique intégré complet utilisant les différentes techniques d'augmentation de la bande passante incluant une photodiode à modulation spatiale de lumière, un TIA rapide, un soustracteur, un égaliseur, des amplificateurs limiteur et un étage tampon pour une charge 50 Ω (à gauche). Schéma de la photodiode utilisée (à droite) [KAO10].

Une autre technique consiste à compenser la réponse en fréquence de la photodiode à l'aide d'un égaliseur analogique [RAD05]. Il est évidemment possible de compiler toutes les solutions [KAO10] (voir Figure 49) afin d'obtenir les bandes passantes maximales en technologie standard qui se situent aux alentours de 5 GHz.

Technologie	Type	Bande passante	Sensibilité	Remarques
130 nm standard	SML+ soustracteur	~1,2GHz, 1 pF	3,3 mA/W@850nm	
0,18 µm standard [JUT05]	SML+ soustracteur	1,1 GHz@850 nm	20 mA/W@850nm 34 mA/W@635nm	Présence d'une couche P épitaxiale
0,18 µm standard [HUA09]	SML+soustracteur	5,5 GHz	29 mA/W@	SML en forme d'échiquier
0,25 µm standard [GEN01]	SML+soustracteur	4,1 MHz sans SML 422 MHz@850 nm	-	La BP augmente avec l'entrelacement
0,35 µm SiGe:C-BiCMOS [MEI05]	SMI + SiGe avec couche N+ enterrée	1,38 GHz@410 nm 562 MHz@785 nm	210 mA/W@410nm 530 mA/W@785nm	Mode avalanche à 600 mA/W@410 nm
0,6 µm standard [HUA07]	SMI + SML à diode écran N_{well}/P_{sub}	700 MHz@850 nm	faible	Evacuation de J_{Psub} vers alimentation
0,18 µm standard chez TSMC [HUA07]	SMI + tranchées isolantes (STI)	1,6 GHz@823 nm	370 mA/W (0V) 740 mA/W (14V)	Les STI augmentent la profondeur de ZCE
Ge sur SOI dédié [KOE06]	SMI sur SOI	27 GHz@850nm 14,8 ps FWHM	260 mA/W@850nm	10×10 µm
Silicium process dédié [HO96]	Tranches de Si métallisées	2,2 GHz@790 nm 28.2 ps FWHM	140 mA/W	Tranches de 9 µm de profondeur
AsGa process dédié [LIU94]	Métal-AsGa-Métal	140 GHz et 3,2 ps FWHM @780 nm	5.7 mA/W@ 780nm	5×5 µm, 8 fF

Tableau 15 : Performances de photodiodes intégrées en technologie CMOS ou BiCMOS standard et sur quelques procédés dédiés.

Notons qu'il existe quelques alternatives supplémentaires, comme les technologies SiGe BiCMOS, qui disposent de couches enterrées. [MEI05]. Des travaux mentionnent également l'utilisation de substrats isolés SOI, mais l'utilisation de ces technologies impliquent des procédés non standards et donc des coûts élevés [CSU02]. Cependant, l'absence de charges générées dans la zone isolée rend la photodiode pratiquement insensible à la longueur d'onde et présente donc des bandes passantes qui peuvent dépasser la centaine de Gigahertz pour une couche de silicium de 100 nm. La contrepartie est une très faible sensibilité inférieure à 10 mA/W [LIU94].

Le Tableau 15 recense les travaux les plus significatifs sur les photodiodes parfois utilisées dans des systèmes de télécommunication intégrés en technologies standards et des photodiodes développées sur des procédés dédiés. On peut observer qu'il est possible d'obtenir une bande passante de 3 GHz, voire même de la dépasser, en utilisant des technologies CMOS standard, ce qui permet d'atteindre l'objectif d'une résolution temporelle de 100 ps à court terme. Néanmoins, en restant en technologie standard, il y a un compromis à faire, car l'augmentation de la bande passante entraine généralement une réduction de la sensibilité. A plus long terme, il est évidemment possible d'utiliser des photodiodes réalisées à l'aide de procédés dédiés et qui bénéficient de bandes passantes beaucoup plus élevées.

Bande passante de l'électronique

Unité de balayage
L'unité de balayage est une unité commune des CBFI qui permet d'ajuster le pas d'échantillonnage temporel. Nous avons vu que les inverseurs dégénérés intégrés dans une VCDL sont le meilleur moyen de générer les retards les plus courts. En technologie CMOS

0,35 µm, nous avons obtenu un pas minimal de 140 ps environ, ce qui est insuffisant pour notre objectif de 100 ps de résolution temporelle. Un moyen de réduire cette valeur est de passer à une technologie plus rapide. Le retard élémentaire d'un étage peut être réduit à 60 ps environ en technologie 180 nm, [FIG09] et à 30 ps en technologie 65 nm [KUM06]. Pour réduire encore ces temps, il est possible de passer à une structure entrelacée en matrice de ligne à retard.

Par ailleurs, une fonction très intéressante peut être implémentée dans une CBFI. En utilisant une unité de balayage circulaire, comme un oscillateur en anneaux par exemple, il est possible d'acquérir en permanence le signal et de bloquer l'acquisition au moment ou parvient le signal de déclenchement (voir Figure 50). Ainsi, il est possible de « remonter » le temps avant ce signal de déclenchement.

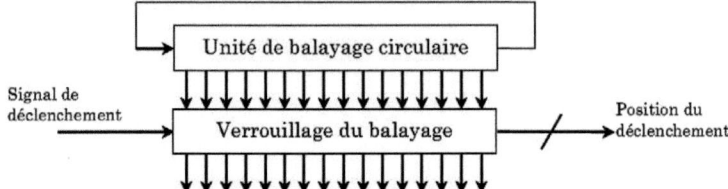

Figure 50 : Unité de balayage qui permet de remonter le temps avant le signal de déclenchement.

Cette fonction est irréalisable avec une CBF conventionnelle. En effet, dans le cas d'un tir laser imprévisible, il faut déclencher la caméra à l'aide d'une unité de déclenchement optique qui génère un signal électrique lorsqu'elle détecte le tir laser. Or une CBF conventionnelle prend du temps pour commencer son balayage. Il est donc souvent nécessaire de retarder le signal lumineux à mesurer en utilisant une fibre optique par exemple, pour ne pas manquer le début de l'événement à mesurer. Malheureusement cette opération modifie voire détruit l'information spatiale et modifie la forme temporelle du signal. L'unité de balayage des CBFI peut donc atteindre des pas d'échantillonnage de quelques dizaines de ps tout en proposant des fonctions supplémentaires non réalisables avec des CBF conventionnelles.

CBF matricielle

On peut appliquer les concepts de modulation spatiale de lumière et d'implantation aux photodiodes intégrées aux pixels d'une CBFIM. Les deux photodiodes partageraient le même transistor de reset. Deux mémoires analogiques par pixel sont alors nécessaires pour faire la soustraction de manière logicielle en post-lecture. Par ailleurs, la bande passante des transistors d'obturation peut être très élevée s'ils sont correctement dimensionnés. La parallélisation massive et la distribution des fonctions de l'architecture des MISC leur permettraient donc d'obtenir assez facilement une résolution de 100 ps environ. Néanmoins, seules les applications disposant d'un fort signal lumineux sont envisageables à cause du manque de sensibilité de cette architecture.

CBF vectorielle

Différence caméra par intégration et caméra par TIA.
L'allure de la réponse fréquentielle d'une CBFIV dépend du *front-end* utilisé selon qu'il fonctionne en conversion indirecte ou directe comme on peut le voir sur la Figure 51. Le gain en fréquence de la CBFIV à conversion directe est donné pour un *front-end* de type TIA avec 80 dBΩ de gain et une bande passante de 1,3 GHz, ce qui correspond à notre dernier circuit réalisé. Celui de la CBFIV opérant en intégration est donné pour une capacité totale (diode+entrée du *front-end*+parasites) de 100 fF ce qui semble être une limite basse raisonnable. En effet, la capacité d'une photodiode modulée spatialement est

sensiblement plus élevée que celle d'une photodiode uniforme. Par ailleurs, une dimension supérieure à 10µm × 10µm est préférable afin de faciliter le couplage optique du capteur. On remarque que les CBFIV par intégration sont plus efficaces en termes de gain aux basses fréquences alors que les CBFIV fonctionnant en conversion directe le sont plus aux hautes fréquences. La transition se situe dans la bande de 100 MHz à 1 GHz environ selon la capacité de conversion et le TIA utilisé. A photodiode égale, c'est donc l'architecture de CBFIV à conversion directe qui permettra d'obtenir les meilleures performances pour les signaux les plus rapides.

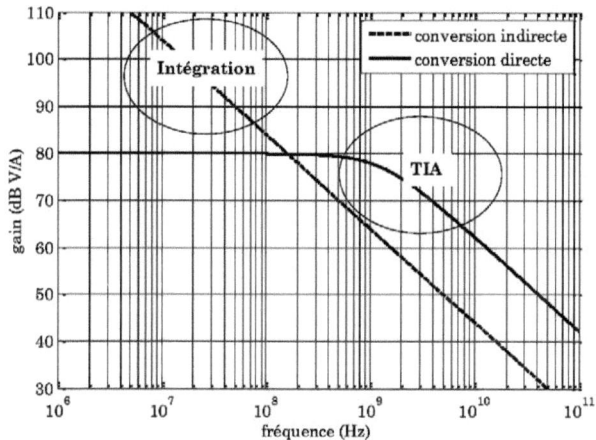

Figure 51 : Réponses fréquentielles d'une CBFI en conversion indirecte par intégration et en conversion directe par TIA. Ces courbes ne prennent pas en compte les pôles supplémentaires des circuits au-delà de 2 GHz qui modifient les allures de manière identique

Bande passante amplificateur à transimpédance (TIA)
Les TIA sont généralement utilisés dans les systèmes de communication optique et on trouve beaucoup de structures différentes dans la littérature. On peut résumer la fonction TIA par le schéma décrit sur la Figure 52, où C_i est la capacité totale à l'entrée de l'amplificateur, I_{pd} le courant généré par la photodiode, R_f une résistance de contre réaction et -A le gain de l'amplificateur. Si l'amplificateur dispose d'un gain élevé, alors les variations de tension à son entrée sont quasi nulles et sa sortie en tension est égale à -$R_f I_{pd}$. Le gain transimpédance est donc égal à la valeur de R_f et l'impédance R_{in} à l'entrée de l'amplificateur est quasiment nulle. De plus, le pôle du circuit est donné par l'équation (32).

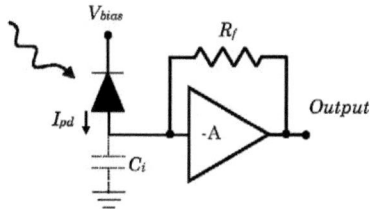

Figure 52 : Schéma de principe d'un TIA, le courant de la photodiode est converti en tension par l'amplificateur.

$$\omega_i = \frac{1+A}{R_f \cdot C_i} = \frac{1}{R_{in} \cdot C_i} \qquad (32)$$

Ce qui permet d'augmenter la bande passante électrique du circuit formé par le réseau R_f/C_i tout en offrant une grande résistance de conversion. Un simple inverseur CMOS peut très bien être utilisé pour réaliser cette fonction [WOO98] [HAM09] [HAR88], mais les plus grandes bandes passantes sont obtenues à l'aide de circuit disposant d'un étage d'entrée en source commune en CMOS [KIM10] [TAV08] [RAD05] ou en émetteur commun en bipolaire [LEE04]. Les TIA utilisant une entrée en grille commune donnent également de très bons résultats en utilisant un étage cascode régulé (RGC) [MAA07] [HUA07] [LI06] [CHE06]. Afin de mettre en œuvre les photodiodes en modulation spatiale de lumière, ces TIA sont souvent suivis d'un étage soustracteur [TAV08] alors que d'autres architectures de TIA sont prévues pour fonctionner directement en différentiel [KAO09] [YOU99]. L'état de l'art des TIA réalisés en technologies CMOS standard est donné sur le Tableau 16. On remarque que beaucoup de travaux indiquent des bandes passantes bien supérieures à 3 GHz, mais pour réaliser une CBFIV, il faut intégrer quelques centaines d'amplificateurs. Les critères de consommation et d'encombrement sont donc aussi importants que les performances de gain et de bande passante. Or les techniques utilisées pour augmenter les bandes passantes des amplificateurs mettent souvent en œuvre des inductances qui permettent de compenser les pôles et ainsi augmenter les fréquences de coupures d'un facteur 4 tout en assurant une bonne stabilité [SHE06] [ANA02]. Malheureusement, intégrer une inductance en technologie CMOS est très coûteux en terme de surface silicium. D'autres travaux proposent des techniques d'augmentation de la bande passante jusqu'à un facteur 2,5 sans utiliser d'inductance. Par exemple, si la bande passante du TIA est très supérieure à celle formée par le circuit $R_{in} \cdot C_i$ à son entrée, alors la pulsation de coupure de l'ensemble sera ω_i. Si le TIA à un pôle dominant ω_0, la fonction de transfert de l'ensemble devient un 2ème ordre dont la fonction de transfert est donnée par l'équation (33).

$$H_{tia} = -R_{tia} \frac{1}{1 + \frac{s \cdot \xi}{(\omega_n \cdot Q)} + \frac{s^2}{\omega_n^2}} \qquad (33)$$

Avec un gain de $R_{tia} = \frac{A}{1+A} R_f$, une pulsation propre de $\omega_n = \sqrt{\frac{1+A}{R_f C_i} \omega_0} = \sqrt{\omega_i \omega_0}$ et un coefficient d'amortissement de $\xi = \frac{1 + R_f C_i \omega_0}{\sqrt{(1+A) R_f C_i \omega_0}} \approx \sqrt{\frac{\omega_0}{\omega_i}}$.

L'allure de cette fonction de transfert est constituée de pic et d'ondulation et pour $\xi = 2^{1/2}$, qui correspond à $\omega_0 = 2\omega_i$, la pulsation de coupure à -3 dB est donnée par $\omega_{-3dB} = \omega_i \cdot 2^{1/2}$, ce qui donne une augmentation de 41% de la bande passante initiale du pôle à l'entrée du TIA. Il est donc préférable d'ajouter un pôle dominant au TIA en fonction de la photodiode utilisée plutôt que de laisser la bande passante maximale de l'amplificateur. De manière analogue, en dégénérant les sources des amplificateurs à base de transistor MOSFET, il est possible d'augmenter significativement leurs bandes passantes [ZHE09]. On reporte également l'utilisation de capacité Miller négative [KAO09] où bien encore des contre-réactions actives [CHA06].

Technologie	Type	Bande passante (BP) et gain	Consommation et aire	Remarques
0,13 µm CMOS IBM8RF [AFL09]	Grille com. à contre-réaction active	57 dBΩ, ~6 GHz sur 370 fF	1,8 mW 15·10³ µm²	Dont 10·10³ µm² de 3 inductances couplées
0,13 µm CMOS [KIM10]	Source commune + post ampli	50 dBΩ, 29 GHz	46 mW 180·10³ µm²	Photodiode externe 5 inductances
0,13 µm CMOS [TAV08]	Source commun + post ampli	87 dBΩ, 3,5 GHz	<< 200mW 22·10³ µm²	3 amplificateurs source commune.
0,13 µm CMOS [YOU09]	Différentiel (photo diode côte à côte)	57 dBΩ, 2,2 GHz	21 mW 25·10³ µm²	Photodiode avalanche + Capacité négative
0,18 µm CMOS [ANA02]	-	54 dBΩ, 9,2 GHz sur 500 fF	137 mW 640·10³ µm²	>4 inductances
0,18 µm TSMC CMOS[MAA07]	RGC	48 dBΩ, 8,5 GHz	6 mW ND	1 inductance (2,4 nH)
0,18 µm CMOS [HUA09]	Différentiel	66 dBΩ, 7 GHz	<<144mW 138·10³ µm²	6 inductances
0,18 µm CMOS [KAO09]	Différentiel	74 dBΩ, 2,9 GHz	16 mW 105·10³ µm²	Capacité Miller négative pour augmenter la BP
0,18 µm TSMC CMOS [CHA06]	RGC	61 dBΩ, 7,7 GHz sur 300 fF	ND 30·10³ µm²	Sans inductance
0,6 µm CMOS [HUA07]	RGC	52 dBΩ, 700 MHz sur 2 pF	ND ~35·10³ µm²	
0,35 µm CMOS [CHE06]	RGC	54 dBΩ, 2,2 GHz	<90 mW 23·10³ µm²	Photodiode externe
0,35 µm AMS CMOS [LI06]	RGC	51 dBΩ, 6 GHz sur 600 fF	50 mW, 224·10³ µm²	2 inductances de peaking 3,7 et 5 nH
0,35 µm SiGe [LEE04]	Emetteur commun	62 dBΩ, 7,4 GHz sur 150 fF	18 mW ~270·10³ µm²	4 étages source commune + 8 inductances
0,35 µm SiGe BiCMOS (InESS)	Base commune (HBT)	62 dBΩ, 500 MHz	11,5 mW, 5,6·10³ µm²	TIA du 1er prototype de CBFIV [CI22] [VAN95]
0,35 µm SiGe BiCMOS (InESS)	Emetteur commun (HBT)	80 dBΩ, 1,5 GHz sur 300 fF.	6 mW, 2,4·10³ µm²	TIA de la 2ème CBFIV [en test] [SAN06]

Tableau 16 : Etat de l'art des TIA en technologie CMOS ou BiCMOS standard. Les dispositifs envisageables dans une CBFIV sont grisés.

Les architectures de TIA compatibles à l'intégration d'une CBFIV sont indiquées en grisé sur le Tableau 16. Il s'agit de trouver le meilleur compromis entre le gain, la bande passante, la consommation et la surface. Une surface supérieure à 30·10³ µm² et une consommation dépassant 30 mW par TIA sont rédhibitoires, car l'intégration d'un millier d'amplificateurs conduirait à une surface de 30 mm² et une consommation de 30 W. Par ailleurs, à de telles fréquences, il faut prendre en compte l'intégration sur le circuit de capacités de découplage pour les alimentations afin de garantir la stabilité des amplis. Le passage aux technologies 180 nm devrait garantir une bande passante suffisante et une consommation raisonnable. Par contre, passer de la technologie 180 à la technologie 130 nm multiplie par 4 environ la capacité de la diode et diminue sa sensibilité (voir Tableau 15). La technologie 180 nm semble donc être la meilleure solution pour une réalisation monolithique d'une CBFIV.

Les égaliseurs

Nous avons vu que les photodiodes intégrées en technologies CMOS obtiennent des bandes passantes de l'ordre du Gigahertz en utilisant les modulations spatiales de lumière et d'implantation, mais cela est aux dépens de la sensibilité. Il est toutefois possible de compenser efficacement leur réponse à l'aide d'un égaliseur (voir Figure 53) car les atténuations ne sont comprises qu'entre 5 et 10 dB par décade [RAD05] [TAV06].

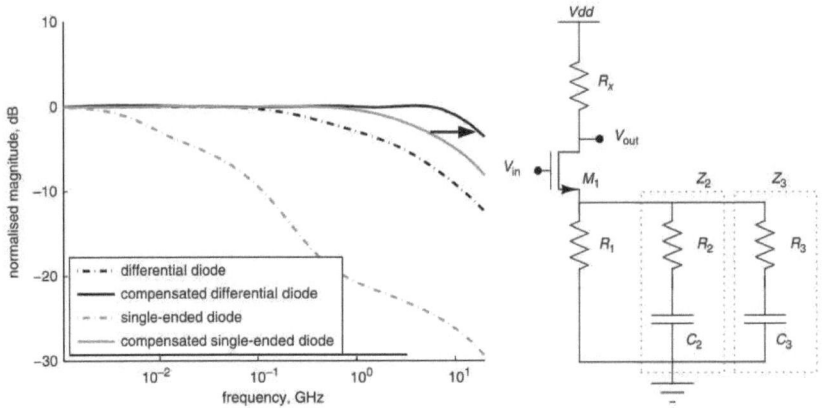

Figure 53 : Réponse de systèmes intégrant une photodiode en 0,18 µm à 850 nm. Diode Seule (—·—), diodes SML différentielles (—·—), diode seule compensée (——), diodes SML différentielles compensées (——) (à gauche). Cellule d'un égaliseur du second ordre (à droite) [TAV06].

L'occupation en surface et la consommation électrique de ces circuits sont comparables à celle des TIA. Cette approche est intéressante, car elle permet de maximiser à la fois la bande passante et la sensibilité [RAD05]. Cependant, comme la réponse en fréquence des photodiodes dépend de la longueur d'onde, il faut appliquer une égalisation différente pour chaque longueur d'onde. Cette solution est donc envisageable pour une CBFI fonctionnant à une seule longueur d'onde. Toutefois, il est possible d'adapter l'égaliseur en fonction de la longueur d'onde à l'aide de varicaps ou en modulant les résistances de source [CHE07b].

Applications à court terme
Trois applications des CBFI sont envisagées à court terme. Ces applications requièrent des vitesses d'acquisition que nous dépassons très largement. La 1ère dans le cadre de la microscopie 4D avec Paul Montgommery de l'InESS. Ce capteur permettrait pour la première fois d'observer les phénomènes transitoires non récurrents des MEMS comme les matrices de micromiroirs par exemple [KIE06]. J'envisage également de réaliser un nouveau type de capteur intelligent pouvant réaliser l'algorithme PFSM directement au sein du pixel. La 2ème application concerne la détection optique du choc de deux barres d'Hopkinson utilisées pour l'étude de la dynamique des polymères avec Nadia Bahlouli de l'IMFS [PES08]. La 3ème application est envisagée en collaboration avec le CEA pour la vélocimétrie Doppler Laser dans le cadre du projet mégajoule pour laquelle une résolution d'une dizaine de nanosecondes est très suffisante et les lasers utilisés sont très puissants [MER03]. Les applications médicales ne sont pas possibles à court terme, car le manque de sensibilité actuel des CBFI ne permet pas d'acquérir la très faible lumière disponible dans ces applications avec un rapport signal à bruit suffisant. En effet, les CBFI que nous avons développées jusqu'à maintenant sont des solutions adaptées à la mesure d'événements uniques qu'il faut acquérir en une seule fois. Or les applications biomédicales autorisent l'accumulation en plusieurs prises d'un signal récurrent. Développer une architecture adaptée à ces applications fait partie des mes prospectives à moyen terme décrites un peu plus loin.

L'avenir des CBF intégrées à moyen terme.
Pour le moment nous n'avons utilisé que des technologies standards dans lesquelles il n'est pas possible de réaliser le photodétecteur rapide et sensible idéal. En effet, alors que nos architectures électroniques offrent des temps de réponse bien inférieurs à 500 ps, les photodiodes intégrées classiques sont bien au-dessus de la nanoseconde. De plus, le principal défaut des CBFI en technologie standard est leur manque de sensibilité dans les cas de faibles flux lumineux. L'évolution logique consiste donc à identifier un procédé technologique auquel nous pourrions avoir accès afin d'optimiser l'intégration de nos capteurs. Les centres multiprojets de microélectronique sont faits dans cet objectif, mais le centre international de Grenoble, le CMP [CMP10], ne propose pas le fondeur TSMC [TSM10] par exemple, sur lequel, des photodiodes rapides ont été développées [HUA07], et il ne propose pas de technologie en 180 nm. Le centre Europractice offre l'accès à plus de fondeurs dont notamment le fondeur TSMC et plus de technologies dont des technologies 180 nm.

Une autre solution consisterait à travailler avec un fondeur et définir un processus dédié pour réaliser ce capteur « idéal ». Cependant, il n'est pas facile de demander à un fondeur de modifier son processus pour une application à moins d'avoir un volume de production important par la suite. Dans ce cadre, j'ai proposé au GDR SOC-SIP de monter un groupe de travail visant à mutualiser les différentes expériences et collaborations dans ce domaine. La négociation avec un fondeur sera plus facile avec plusieurs projets provenant de plusieurs laboratoires. Cette approche doit conduire à la conception de capteurs monolithiques qui devrait offrir une résolution temporelle de 100 ps et une sensibilité accrue.

L'assemblage 3D
L'interconnexion de puce en 3D progresse. La mise en boitier par retournement de circuit « Flip Chip » permet, par l'utilisation de bille de brasure d'un diamètre de 100 µm environ, de réduire considérablement les inductances parasites de connexion et notamment pour les alimentations qui peuvent être connectées directement au cœur du circuit. Il est également possible de connecter plusieurs circuits ensemble par fil de bonding avec un pas de 40 voir bientôt 25 µm [AMK10]. Ces procédés deviennent relativement standards et on trouve des entreprises spécialisées dans la mise en boitier par retournement de circuit et dans l'empilement de circuits intégrés [AMK10].

On voit immédiatement l'intérêt de ces techniques d'assemblage pour la réalisation d'une CBFIV. Avec ce système, il est possible de placer une matrice ou un vecteur de photodétecteurs en surface sur le circuit supérieur et de placer l'électronique de conditionnement et de mémorisation sur le circuit inférieur qui peut, de plus, être réalisé dans une technologie différente et plus adaptée. Le facteur de remplissage peut donc tendre vers 100 %, ce qui augmente la sensibilité

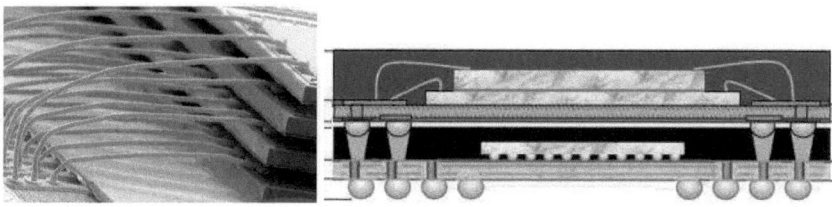

Figure 54 : Exemple d'empilement de circuits (*stacked die*) reliés par fil de *bonding*, et exemple d'empilement de boitiers (*Package on Package*) [AMK10].

Il faut toutefois relativiser cet intérêt pour l'empilement de circuits. En effet, les connexions inter-circuit par bonding souffrent de plusieurs défauts électriques, à savoir les capacités parasites des plots (qq 100 fF) et les inductances des fils de bonding (1 nH/mm) qui limitent les transmissions rapides de signal.

Les traversées de silicium
Les traversées de silicium (TSV pour *Through Silicon Via* ou TDV pour *Through Die Via*) permettent de réaliser des connexions de part et d'autre d'un wafer. Il est donc possible de placer les photodétecteurs sur une face du circuit et l'électronique sur l'autre. Cette technologie permettrait par exemple de faire une caméra vidéo rapide basée sur l'architecture décrite sur la Figure 21 [DES09], mais avec un facteur de remplissage proche de 100%, ce qui augmenterait par 10 la sensibilité et de plus, l'espace libéré par la photodiode permettrait de stocké de 3 à 4 images supplémentaires. La conception de ce capteur vidéo rapide 2D avec stockage *in situ* permettrait de filmer une scène à une cadence de l'ordre d'un milliard d'images par seconde et une profondeur mémoire de 12 images environ.

Figure 55 : Traversées de silicium test de 10 μm de diamètre séparées de 10 μm [image Imec] (à gauche), plot de connexion d'un via [RAH06]

Les caractéristiques électriques linéiques des TSV ne sont pas meilleures que celle des fils de bonding, mais les TSV sont beaucoup plus courts. En effet, un TSV de 15 μm de diamètre présente une inductance linéique de 0.275 pH/μm et une capacité linéique de 1fF/μm environ [RAH06]. Soit 41 pH et 150 fF pour un TSV de 150 μm de long qui présente une résistance de 20mΩ. Des travaux actuels tentent de réduire encore la capacité dont le comportement est non linéaire et dépend fortement de l'épaisseur d'oxyde et du dopage du substrat [KAT10a] [HEN09]. Des transmissions à 2 Gb/s ont déjà été établies [RAH06] et des modélisations électriques indiquent des bandes passantes supérieures à 3 GHz [KAT10b].

Il faut cependant voir ces procédés sur le long terme, car la technologie n'est pas encore très mature et disponible. En France, l'équipe la plus avancée, le CEA Léti propose actuellement des TSV, de 60 μm de large et de 120 μm de long, dont les capacités de plus de 1 pF sont encore trop élevées pour notre application [HEN09]. En effet, la capacité de la photodiode serait inférieure à celle du TSV, ce qui dégraderait assez fortement sa réponse électrique.

L'assemblage par la tranche sur substrat
Une autre approche totalement originale a été utilisée par l'équipe du Pr. Kleinfelder. Elle consiste à coller entre eux des circuits intégrés en les connectant à travers un circuit imprimé qui les reçoit. Les connexions sont faites par bille de brasure. L'originalité de cette approche est que la partie photosensible est disposée en bout de circuit comme on

peut le voir sur la Figure 56. Cette solution permet d'obtenir un très bon facteur de remplissage de près de 90%. Ce processus d'interconnexion et de mise en boîtier avait un coût de 100 k$ en 2004.

Un tel assemblage permettrait de réaliser une caméra vidéo basée sur des « barrettes » de CBFIV qui afficherait près de 10 milliards d'ips avec une profondeur de mémoire de 100 à 1000 images. Les connexions au circuit imprimé ne servant qu'à la lecture, la bande passante d'acquisition du système n'est pas limitée par cet élément. Cependant, se posent encore les problèmes d'alimentation, d'échauffement et de transmission de signaux rapides.

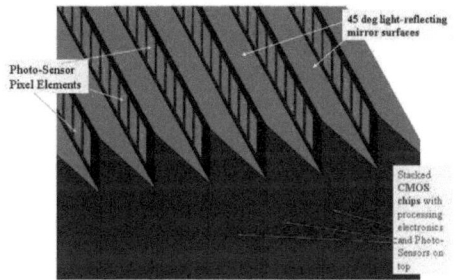 

Figure 56 : exemple d'assemblage en 3D de système imageur CMOS vectoriel pour réaliser une caméra de 8000 pixels à 5 Millions d'ips avec 32 images de mémoire. 50 circuits CMOS sont empilés, interconnectés et « mis en boitier ». [KWI04]

Les CBFI à long terme

Les systèmes hybrides
Descendre sous la barrière des 100 ps et offrir une bonne sensibilité sur le long terme est envisageable grâce à l'évolution actuelle de l'électronique. En effet, les connexions wafer en bout à bout permettent de mixer les technologies afin de créer un système hybride en boîtier. Un vecteur de photodiodes ultrarapides peut, par exemple, être fabriqué en techno silicium PiN, InGaAs Schottky ou encore Germanium sur substrat isolant qui offrent des temps de réponse de quelques dizaines de picosecondes, et l'échantillonneur et l'électronique de pilotage en techno CMOS 90 nm, ce qui devrait permettre de tendre vers une résolution proche de la dizaine de picosecondes. Par exemple, le système de réception optique représenté sur la Figure 57 dispose d'une bande passante de 25 GHz et donc d'une résolution temporelle de 14 ps environ. La difficulté résidera essentiellement sur la miniaturisation des architectures afin de pouvoir intégrer plusieurs centaines de voies en parallèle.

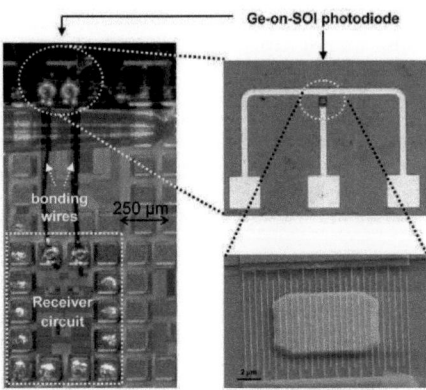

Figure 57 : Système de communications optique avec une photodiode au germanium sur substrat isolant d'une bande passante supérieure à 25 GHz.[KOE07]

Des résolutions inférieures à la picoseconde sont également envisageables en utilisant le concept de lentille temporelle, aussi connu sous l'appellation d'imagerie temporelle paramétrique, inventé par le Pr. Bennett qui permet, sous certaines conditions, d'étirer temporellement un signal lumineux par le biais d'optiques non linéaires [BEN00a] [BEN00b]. Avec une lentille temporelle de grandissement ×30 il est possible d'obtenir une résolution temporelle de l'ordre de la picoseconde avec un système qui dispose d'une bande passante de « seulement » 10 GHz [BEN07].

L'application des CBFI à l'imagerie biomédicale sur le court terme

Une évolution à faire serait de pousser la sensibilité de détection des CBFI beaucoup plus loin. Pour cela, il est possible de faire travailler la photodiode en mode avalanche afin de bénéficier d'un gain directement à la détection des photons [YOU09] [SHI07], ou bien encore amplifier le signal à l'aide d'un registre CCD à multiplication de charges au cœur d'un pixel après intégration [SHI09]. Le gain obtenu à l'aide de ces approches est compris entre 10 et 200. Avec une photodiode disposant d'une bonne efficacité quantique, le nombre de photons minimal détectable par impulsion serait compris entre 10 dans le meilleur cas et 10000 dans le pire. Il est donc pratiquement impossible de détecter un photon unique à l'aide de ces méthodes, car le rapport signal à bruit sera insuffisant. Pourtant, les applications en imagerie médicale requièrent la détection de photon unique. Lors des manipulations d'imagerie fonctionnelle cérébrale en tomographie optique par exemple, sur une impulsion laser de 40 millions de photons émis par la diode laser, en moyenne, un seul photon sort du crane du patient. Or des travaux récents démontrent qu'il est possible d'intégrer des dispositifs capables de détecter un photon unique avec des photodiodes à avalanche polarisée en mode Geiger [ROC03].

Les photodiodes en mode Geiger

Les photodiodes ont trois modes de détection différents (voir Figure 58) : le mode classique, lorsque la diode est polarisée modérément en inverse, génère un électron par interaction avec un photon. Le mode avalanche est obtenu lorsque la tension de polarisation est proche de la tension de claquage de la diode. Dans ce mode, la multiplication interne génère entre 10 et 200 électrons par interaction. Une multiplication beaucoup plus importante de 10^5 à 10^9 peut être atteinte en polarisant la diode au-delà de la tension de claquage. C'est le mode Geiger pour lequel le gain est tel qu'il est possible de détecter un seul photon. On parle alors de SPAD pour *Single Photon Avalanche Diode*. Dans ce mode, la photodiode génère un événement discret lors de l'interaction avec un photon ou un électron thermique. On stoppe le phénomène d'amplification en polarisant la diode sous sa tension de claquage à l'aide d'un circuit d'extinction (*Quenching* en anglais) qui peut être une simple résistance série ou un système actif.

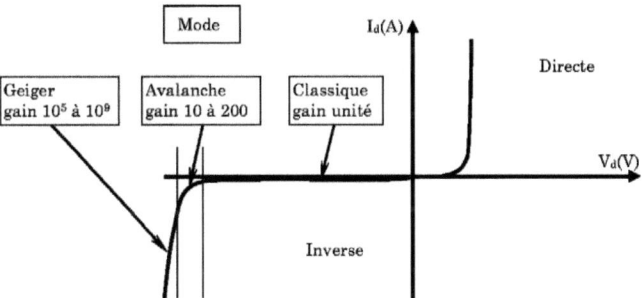

Figure 58 : Les trois modes de fonctionnement en détection d'une photodiode

Bien que le phénomène d'avalanche dans les photodiodes PN soit connu depuis le début des années 1960 [HAI63], la recherche sur les systèmes de comptage de photon par photodiode à avalanche a réellement débuté vers la fin des années 1990 [KIN97] et ce n'est que depuis l'année 2007 que des systèmes commerciaux sont disponibles. C'est un marché en pleine explosion dans lequel on retrouve des acteurs comme le géant japonais *Hamamatsu*, la société italienne *Micro Photon Devices* lancée par le Pr. Sergio Cova [MPD10], *SensL* [SEN10], et la société suisse *IdQuantique* lancée par le Pr. Rochas [IDQ10]. Les systèmes de comptage de photon du commerce n'offrent pas de résolution spatiale pour le moment, car ils utilisent une photodiode unique (SPAD) ou un réseau de photodiodes en parallèle dans le cas des SiPM [FRA09] et une électronique à part. Cette électronique consiste principalement en le système d'extinction (*Quenching*) de la photodiode après qu'elle soit entrée en mode Geiger suite à l'interaction avec un photon ou un thermo-électron, un système de mise en forme du signal et un convertisseur temps vers numérique (TDC pour *Time to Digital Converter*).

Le bruit d'obscurité (DCR) est le taux d'événements détectés par la photodiode en l'absence de lumière. C'est un électron thermique ou une interaction par effet tunnel qui génère ces événements parasites. Ils sont préjudiciables à la qualité de la mesure, car ils sont responsables de la dégradation du rapport signal à bruit. Le DCR dépend de nombreux paramètres comme la surface de la photodiode, la qualité du substrat, la température, la forme de la structure, la température, la tension de polarisation, etc. Il est possible de descendre le DCR à des valeurs aussi basses que quelques hertz en refroidissant la photodiode à -77°C par exemple [KIM09]. Les constructeurs utilisent un procédé de fabrication dédié pour optimiser les caractéristiques des photodiodes comme le DCR et la diaphonie optique dans les matrices de photodiode [FRA09]. Cependant, plusieurs travaux récents décrivent des réalisations de photodiode à avalanche en technologie CMOS standard [KAN07] [PAN08]. En effet, toutes les diodes peuvent fonctionner en mode Geiger, mais il convient d'optimiser leur géométrie et leur structure afin d'obtenir le composant le plus efficace.

Les SPAD en technologie CMOS standard

Les SPAD en technologie CMOS standard, sont généralement une diode de surface P+/Nwell. Il convient de limiter les effets de bord dans lesquels les champs électriques plus intenses créent un claquage précoce. Pour cela, la majorité des travaux utilisent des photodiodes rondes ou octogonales et une technologie qui offrent un caisson P-well supplémentaire (technologies dites « *Triple well* »), comme les technologies à haute tension par exemple, ou encore une tranchée isolante (STI) (voir Figure 59).

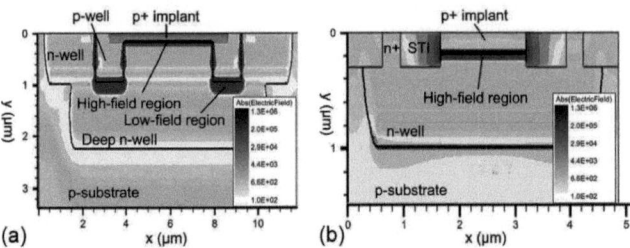

Figure 59 : Structures classiques de réalisation de photodiode à avalanche en technologie CMOS standard et leur distribution de champ électrique (en V/cm). Technologie à multiples (triple) caissons (a) et technologie à tranchées isolantes (STI) (b) [HSU09].

Le Tableau 17 répertorie les travaux les plus significatifs sur la réalisation de SPAD en technologue CMOS standard. On remarque que les résolutions temporelles accessibles, limitées par la gigue de la photodiode, sont de l'ordre de 30 à 100 ps FWHM. Par ailleurs, les probabilités de détection de l'ordre de 5 % dans le proche infrarouge sont comparables à l'efficacité quantique des photocathodes S25 des PM et des CBF conventionnelles dans la même gamme de longueurs d'onde. Par contre, le DCR compris entre 100 et 3000 Hz pour une photodiode de 100 µm² environ est beaucoup plus élevé que celui d'une photocathode standard de type S25 qui n'est que de 2000 Hz par cm² (soit 2.10^{-5} Hz/µm²).

Equipe	Technologie	DCR (Hz) et aire (µm²)	Résolution (Gigue)	Remarques
Tisa [TIS07]	0,8 µm AMS HV P-tub	10 à 10 kHz -500 Hz @ 25°C @ 78 µm²	36 ps FWHM	Probabilité de détection 7% à 870 nm
Stoppa [PAN07]	0,7 µm P-tub	100 Hz @ 100 µm²	144 ps FWHM	Probabilité de détection 5% à 870 nm
Tisa [TIS08]	0,35 µm AMS HV P-tub	3000 Hz @ 314 µm²	39 ps FWHM	Vbr=24V
Niclass [NIC06]	0,35 µm HV P-tub	6 Hz @ 12,5 µm² 750 Hz @ 78 µm²	80 ps FWHM	Système complet de comptage de photon.
Marwick [MAR08]	0,18 µm TSMC P-tub et Deep Nwell	100 Hz 78 µm²	ND	Probabilité de détection 14% @ 670 nm
Deen [FAR08]	0,18 µm P-tub et deep Nwell	80 kHz @ 78 µm²		
Hsu [HSU09]	0,18 µm,STI	ND 4 µm² et 196 µm²	27 ps FWHM	Gigue à 1/100 du max : 98 ps (Vbr=11V)
Niclass [GER09]	0,13 µm STI avec passivation P	90 kHz à 650 kHz @58 µm²	125 ps FWHM	Procédé CMOS modifié (Vbr=9.4V)

Tableau 17 : Résumé des travaux significatifs sur les SPAD.

Utiliser une SPAD pour faire un système de comptage de photon (TCSPC pour *Time-Correlated Single-Photon Counting*) permettrait donc d'obtenir une résolution temporelle meilleure que 100 ps et un rapport signal à bruit d'environ 100000 en supposant un taux de répétition de 100 MHz et un taux de comptage de 1 MHz au maximum afin de s'assurer d'être dans la statistique de comptage de photon [HAR79]. Ces dispositifs sont donc une alternative réellement intéressante aux systèmes de comptage de photon à base de PM. En 2003, la première matrice en 2 dimensions de photodiode à avalanche intégrées en technologie CMOS standard voie le jour et ouvre la porte à l'imagerie ultrarapide à faible flux pour cette technologie [ROC03].

Systèmes de comptage de photon intégrés

Le principe d'un système de comptage de photon consiste à avoir un capteur fonctionnant à très faible flux, mais travaillant à très haut taux de répétition. La cadence maximale devrait être imposée par le temps de recouvrement de la photodiode avalanche, idéalement une centaine de MHz. On distingue alors deux approches différentes : le comptage de photon durant une fenêtre d'intégration donnée, et le comptage de photon résolu en temps.

Le comptage de photon simple

L'approche la plus simple d'utilisation des SPAD est de compter le nombre de photons quelle détecte à l'aide d'un compteur numérique. Si on autorise la détection uniquement durant une fenêtre d'intégration, on obtient une information temporelle. En décalant temporellement la fenêtre d'intégration, on peut reconstituer le profil temporel de la lumière. C'est un principe analogue à celui que nous avons appliqué pour le projet SPIRIT.

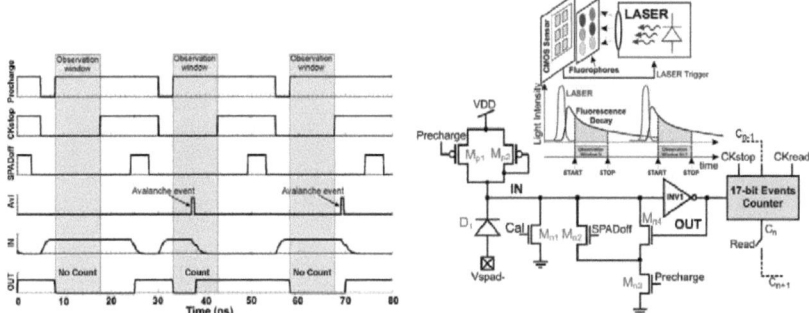

Figure 60 : Exemple de système de comptage de photon dans une fenêtre d'intégration. Exemple de chronogramme des signaux (à gauche), principe de la mesure et schéma du pixel (à droite) [MOS06].

Un système fonctionnant sur ce principe a été réalisé récemment en technologie 0,35 µm. Le détail de fonctionnement est décrit sur la Figure 60. Le pixel de 180×150 µm² intègre l'électronique d'extinction et de comptage. Afin d'occuper la surface la plus faible possible, de la logique dynamique et un compteur à séquence pseudo aléatoire ont été utilisés. Le facteur de remplissage de 15% reste malgré tout relativement faible et la probabilité de détection à 870 nm est de 3%. Par ailleurs, le DCR pour chaque pixel est d'environ 3 kHz, limitant le taux de comptage maximal à 1 MHz.

Ces performances sont encore inférieures à celle des spécifications de la caméra développée dans le cadre du projet SPIRIT. En effet, pour cette dernière, le taux de comptage peut-être supérieur à 100 MHz, le DCR est de 3 kHz environ pour l'ensemble de l'image et la résolution spatiale visée de 125 µm. Cependant, il est pertinent d'utiliser un tel dispositif pour réaliser une caméra intensifiée à obturation ultrarapide. Il faudrait pour cela réduire un peu la taille du pixel, augmenter le facteur de remplissage. La mise en œuvre d'une telle caméra serait beaucoup plus simple que celle de la caméra à intensificateur d'image à tube. Pour parvenir à ce résultat, l'utilisation d'un système d'injection de charge élémentaire dans une matrice de mémoire analogique permettrait d'avoir une structure beaucoup plus légère que le compteur numérique. Une alternative serait d'utiliser l'approche « balayage de fente ». En effet, en étirant l'électronique selon une ligne, il serait assez facile d'obtenir un vecteur de photodiode disposant d'un pas spatial de l'ordre de 50 µm avec un facteur de remplissage de plus de 50%. La conception et l'intégration de tels systèmes et leur application à la tomographie optique font partie de mes prospectives de recherche à court terme.

Le comptage de photon résolu en temps (TCSPC)
Le comptage de photon résolu en temps consiste à mesurer le moment où un photon est détecté. Cette approche est plus complexe que le simple comptage, car il faut un dispositif qui permet de mesurer ce temps. On utilise généralement un convertisseur temps vers numérique (TDC) ou bien un convertisseur temps vers amplitude (TAC). La forme du signal est ensuite reconstituée en incrémentant les cases d'un tableau à une dimension dont l'indice correspond à un intervalle de temps et les valeurs correspondent aux nombres de photons mesurés dans cet intervalle. Seuls les signaux récurrents peuvent être mesurés par une technique de comptage de photon.

Le docteur Edoardo Charbon est le leader mondial des systèmes de TCSPC intégré en technologie standard. Il a supervisé plusieurs réalisations de circuits intégrés depuis 2005. Le premier circuit n'intègre pas de TDC, mais dispose d'une ligne de transmission numérique basée sur des étages de retard commandé en tension qui permet de sortir les événements en série tout en préservant leur instant d'arrivée [SER07]. Ce système souffre d'une latence relativement longue et d'une gigue qui s'accumule dans la ligne de transmission, de plus il est nécessaire de « lire » toute la ligne afin de savoir si un pixel a détecté un photon. Une approche plus efficace consiste à effectuer une lecture événementielle de la matrice [NIC06]. Dans ce mode, le pixel d'une ligne indique sur une ligne commune à tous les pixels de la même colonne qu'il a détecté un photon et il indique son numéro de ligne à l'aide d'un bus d'adresse également commun. La gestion des priorités et assurée par un signal d'occupation du bus, ce qui donne la priorité suivante : le premier photon arrivé est le photon lu, si d'autres photons sont détectés durant le mécanisme de lecture, ils sont ignorés.

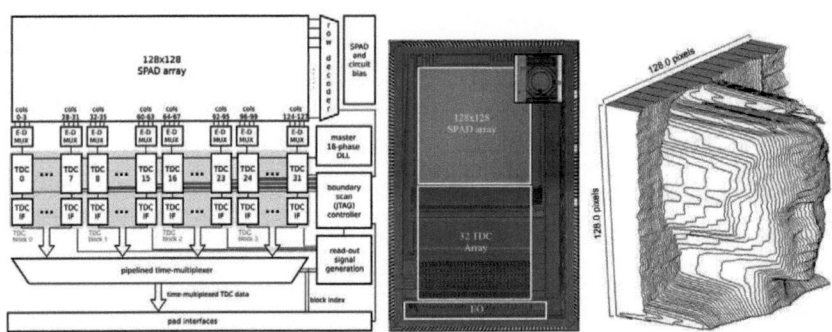

Figure 61 : Architecture du premier système de TCSPC matriciel intégré en technologie CMOS 0,35 μm (à gauche), photo du circuit intégré avec détail d'un pixel de SPAD (au centre) et exemple d'acquisition d'image en 3D réalisé par mesure du temps de vol (à droite) [NIC08]

Ce concept de lecture événementiel a permis de concevoir le tout premier système de TCSPC intégré en 2008 [NIC08]. Ce capteur dispose d'une matrice de 128×128 SPAD et 32 TDC qui sont chacun multiplexés sur 4 colonnes (voir Figure 61). Ce capteur a été appliqué à la mesure de scène en 3D par mesure du temps de vol des photons. Une résolution en profondeur spatiale de 5 mm a été établie.

La résolution du TDC est de 10 bits, et le LSB est réglable de 70 à 200 ps, ce qui conduit à une plage de mesure de 70 à 200 nanosecondes environ. Le principal défaut de ce capteur est le partage d'un TDC pour tous les pixels de 4 colonnes, soit 512 pixels. Avec un taux de conversion maximal de 10 MHz, le taux de comptage maximal pour un pixel doit être inférieur à 20 kHz si on ne veut pas saturer le capteur. Par ailleurs, avec une numérisation sur 10 bits, le taux de transmission maximal est de 3,2 Gb/s ce qui est comparable au débit d'une caméra vidéo rapide (voir Tableau 1).

Pour pallier au problème de limitation du taux de comptage maximal, deux capteurs intégrant un TDC pour chaque pixel ont été développés en 2009 [RIC09] [GER09]. Intégrer le TDC dans le pixel amène à faire des compromis sur la dynamique et la résolution. Ces capteurs diffèrent légèrement par le type de TDC utilisé. Tous deux utilisent un compteur numérique pour un comptage grossier. Le premier circuit emploi ensuite une ligne à retard et le second un compteur en anneau rapide pour obtenir une résolution plus fine. Afin de garantir un facteur de remplissage correct, ces deux circuits ont été réalisés en technologie 130 nm.

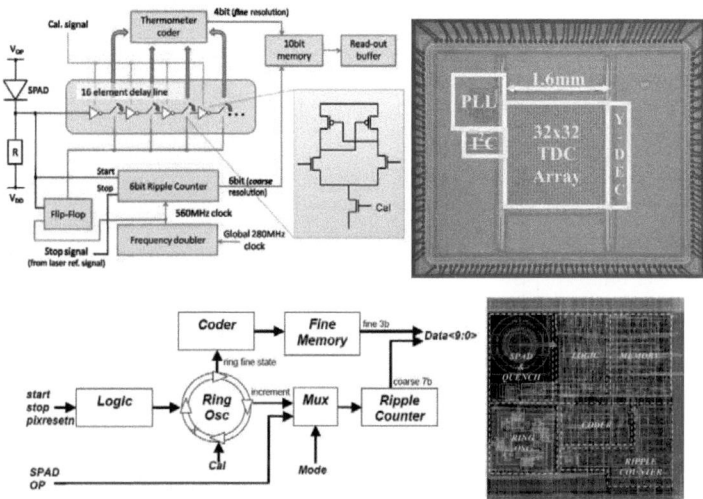

Figure 62 : Systèmes de TCSPC d'une matrice de 32×32 pixels avec TDC intégré au sein du pixel réalisés en technologie CMOS 130 nm. Détail du pixel de la 1ère version intégrant une ligne à retard numérique commandée en tension et photo du circuit (en haut) [GER09], détail du pixel de la 2ème version intégrant un oscillateur en anneau et photo du dessin des masques du pixel (à droite) [RIC09].

Ces systèmes offrent une dynamique de 10 bits, une résolution temporelle de l'ordre de la centaine de picosecondes et des erreurs différentielle et intégrale de respectivement ± 0,5 LSB et 2 LSB environ. Le taux de comptage de photon peut dépasser allègrement la dizaine de MHz pour un pixel, cependant, le nombre global de mesures que l'on peut effectuer en une seconde est restreint à 1 million, car il est limité encore une fois par le taux de transmission maximal des sorties du capteur (5 Gb/s). Ces performances sont déjà très bonnes pour une technologie qui n'en est qu'à ses premiers pas. Mais il est encore possible de faire mieux.

Il est en effet possible de faire tendre la résolution temporelle vers la limite physique de la gigue intrinsèque de la SPAD, c'est-à-dire 27 ps FWHM environ (voir Tableau 17) en utilisant un TDC encore plus performant. De plus, en changeant l'architecture de ces capteurs il est également possible de dépasser allègrement le taux de répétition maximal. A l'instar de la vidéo rapide, le stockage *in situ* permettrait aux systèmes de TCSPC de se délivrer du goulet d'étranglement que constituent les entrées/sorties des circuits intégrés. C'est une des contributions que je compte apporter à ces recherches à court/moyen terme :

Un système d'imagerie capable de détecter un photon unique bénéficiant d'une résolution temporelle meilleure que 100 ps, pouvant travailler à un taux de répétition de 100 MHz et un taux de comptage de photon maximal de l'ordre de 1 MHz par voie.

Le comptage de photon résolu en temps à taux de comptage ultrarapide (TCSPC)
Augmenter le taux de comptage d'un TCSPC permet d'améliorer considérablement le rapport signal à bruit, car on peut réduire le temps d'intégration, ce qui diminue le bruit d'obscurité. Par ailleurs, dans les applications médicales, réduire le temps d'intégration permet de diminuer la durée de la mesure, ce qui est plus confortable pour le patient. Cela permet également d'obtenir une meilleure résolution temporelle pour les évolutions physiologiques mesurées. On voit bien l'intérêt d'un tel dispositif, mais il n'existe pas pour le moment.

Les CBFI en mode TCSPC ultra rapide
Pour diminuer le taux de transmission, l'approche caméra à balayage de fente peut-être utilisée, c'est-à-dire que l'on peut sacrifier une dimension spatiale. Une CBFI intégrant un vecteur de 1000 SPAD disposant chacune d'un TDC de 9 bits sur une dynamique de 10 ns permet d'obtenir un pas d'échantillonnage inférieur à 20 ps et un taux de transmission de 10 Go/s avec un taux de comptage de 1 MHz par voie. Ces capacités sont extrêmement intéressantes pour les applications biomédicales. Bien qu'il soit possible de sortir l'information du capteur en temps réel, il est également intéressant d'intégrer l'électronique de mémorisation *in situ*. Celle-ci consiste en 512 compteurs de 10 bits pour chaque ligne ce qui reste raisonnable en terme d'occupation de surface silicium. La lecture peut alors être opérée à faible vitesse avec une unité de transmission à faible coût.

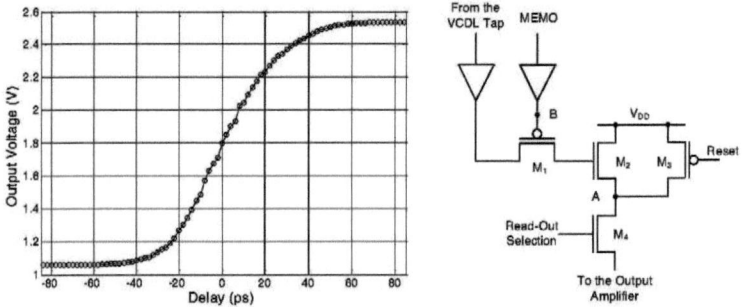

Figure 63 : Evolution temporelle du signal entre deux étages d'une ligne à retard numérique (à gauche) et cellule d'échantillonnage (à droite).

Or, ce système est tout à fait réalisable à court terme. En effet, nous avons récemment conçu une structure originale de TDC basée sur un TDC à DLL associé au concept de TAC. L'idée est de mesurer la valeur analogique du signal se propageant dans la DLL. Cette rampe indique en effet la position intermédiaire du signal entre deux étages de retard de la DLL (voir Figure 63). Il est donc possible d'avoir une valeur grossière à l'aide d'un compteur numérique, une valeur fine avec l'état de la DLL et une valeur ultrafine avec la valeur analogique du signal se propageant dans la DLL à l'étage ou la commutation numérique à été opérée. Ce concept à déjà été partiellement intégré dans le circuit de caractérisation de l'axe temporelle d'une CBFI à base de DLL que nous avons réalisé et dont les résultats sont présentés sur la Figure 32 et la Figure 33. Une résolution de 20 ps devrait être atteignable avec ce nouveau concept de TDC en technologie 0,35 µm, soit bien mieux que des systèmes de TAC beaucoup plus encombrants [RES09]. En effet, le retard élémentaire obtenu avec notre système peut être réduit à 130 ps environ. La position grossière du retard sur la ligne peut être obtenu à l'aide d'un « thermomètre » numérique, puis il suffirait d'un convertisseur flash 3 bits supplémentaire pour avoir une valeur intermédiaire en numérisant la tension analogique de la cellule dans laquelle ce fait la transition numérique qu'a détecté le « thermomètre ». Le pas de résolution obtenu serait alors inférieur à 20 ps, ce qui est inférieur à la gigue la plus faible mesurée sur une SPAD [HSU09].

Si le signal lumineux à mesurer est sans dimension spatiale, il est également possible de faire travailler toutes les voies de la CBFI en parallèle en étalant la lumière sur le vecteur à l'aide d'une lentille cylindrique. Cela permettrait de faire du comptage photon résolu en temps à la vitesse de 1 milliard de coups par seconde tout en restant dans les statistiques de comptage de photon, ce qui dépasse de deux ordres de grandeur environ les plus performants des systèmes actuellement disponibles sur le marché [SEN10].

Enfin, un ensemble de CBFI de ce type avec stockage *in situ* assemblé à l'aide de la technologie 3D présentée sur la Figure 56 conduirait à imageur 2D en mode TCSPC ultra rapide très sensible surpassant de loin tous les systèmes actuels. Or, nous savons aujourd'hui que ce système peut être réalisé !

Les imageurs 2D en mode TCSPC ultra rapide
Dans le cas des imageurs 2D réalisés sur une seule puce, il n'est pas envisageable d'intégrer un tableau numérique d'une petite centaine de cellules intégrant chacune un compteur de 8 à 10 bits, car le nombre de transistors à intégrer serait trop important (plus de 8000 avec de la logique dynamique pour l'ensemble du pixel). On peut, par contre, utiliser un registre de capacités à entrée parallèle dans lequel on injecte une charge élémentaire dans la bonne cellule en fonction du temps d'arrivée du photon. Une ligne à retard commune à toutes les lignes de quelques colonnes servirait à générer un axe temporel. Cette approche nécessiterait environ 15 transistors par cellule, soit 1500 transistors par pixel. A titre de comparaison, un pixel de la structure décrite dans [RIC09] compte 580 transistors pour un pixel de 50×45 µm², intégrer 3 fois plus de transistors dégraderait la résolution spatiale à 85×85 µm² environ, ce qui reste encore très acceptable. Le taux de comptage de photon global pourrait atteindre 16 milliards de comptages par seconde avec une matrice de 128×128 pixels. En contrepartie, la dynamique de mesure serait limitée à 7 bits et la résolution temporelle à 100 ps environ.

L'application des CBFI à l'imagerie biomédicale sur le long terme
L'objectif de recherche que je me fixe est de proposer un système de comptage de photon a très haut taux de comptage et a résolution meilleure que 100 ps d'ici 4 à 6 ans. Ce système serait vraisemblablement basé sur le principe de la CBFI en mode TCSPC décrit plus haut. Une fois ce capteur au point, certaines améliorations sont d'ores et déjà envisageables.

Amélioration de la sensibilité
La taille des SPAD dans une matrice est généralement petite pour plusieurs raisons : Leur DCR augmente avec leur surface, les anneaux de gardes nécessaires sont assez encombrants et il faut limiter la diaphonie optique causée par l'électroluminescence de la photodiode qui entre en mode Geiger. Le facteur de remplissage est par conséquent relativement faible. Afin d'avoir un rendement global correct, il est nécessaire d'optimiser le couplage optique des SPAD. La première matrice de SPAD intégrant un réseau de microlentilles a été réalisée en 2009. La concentration de lumière a permis de multiplier la sensibilité du système par 35 ce qui indique que cette étape est pratiquement indispensable.

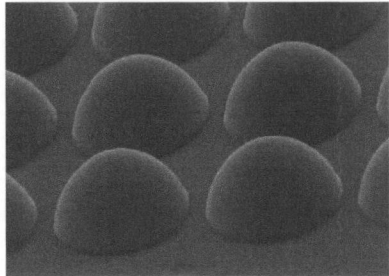

Figure 64 : Image microscopique d'un réseau de 128×128 microlentilles en polymère avec un pas de 50 µm pitch [RAN09]. La concentration de lumière a permis de multiplier la sensibilité du système par 35.

Intégration dans un système compact

Une CBF intégrée est un composant idéal pour réaliser un minispectromètre résolu en temps. Il est possible d'obtenir un système très compact à l'aide de réseau fabriqué par nano-empreintes par exemple (voir Figure 65). La conception d'un tel système est une évolution naturelle de mes recherches. Cette réalisation est envisagée au long terme en collaboration avec un constructeur de minispectromètre ou l'équipe du Laboratoire des Systèmes Photoniques de Strasbourg (LSP) qui va très bientôt rejoindre l'InESS.

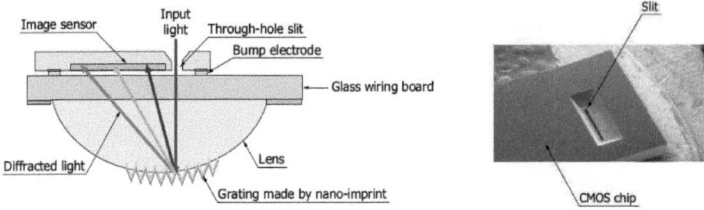

Figure 65 : exemple de mini spectromètre qui pourrait être résolu en temps en utilisant un réseau par nano-empreintes et une CBFI.

Avec des CBF intégrées en technologie standard et couplé avec une diode laser picoseconde, ce montage permettrait d'avoir un système de fluorescence résolue en temps à très faible coût. Parmi les applications possibles, on compte l'identification des bactéries par exemple.

Conclusion de mes prospectives sur les CBFI
L'InESS est actuellement en position de leader dans le domaine des CBFI fonctionnant en mode simple tir. Je pense qu'il est nécessaire de garder cette avance et de trouver plus d'applications possibles pour ce type de capteur. C'est ce qui permettra de maintenir cette activité de recherche à l'aide de contrat de recherches appliquées. Une des pistes les plus intéressantes pour le moment est l'application du CEA. La société Optronis GmbH est également intéressée à une éventuelle commercialisation de ces capteurs. La suite à donner à cette activité sera fortement influencée par les résultats des circuits qui vont être testés d'ici la fin de l'année 2010.

Le comptage de photon monolithique est une technique émergente qui me permettra de fusionner mes deux activités de recherche principales : la conception de système de tomographie optique appliquée à l'imagerie médicale et la conception de systèmes imageurs ultrarapides intégrés. En effet, notre équipe dispose d'une solide expertise concernant les systèmes d'imageries médicales par tomographie optique et l'expérience d'une dizaine d'années sur la conception d'imageurs intégrés ultrarapides. Les travaux très récents sur l'intégration des photodiodes à avalanche polarisée en mode Geiger permettent d'aborder la thématique de comptage de photon sereinement. Par ailleurs, les concepts de mesures spatiotemporels des CBFI sont très similaires à ceux des systèmes de TCSPC.

Pour les réalisations, je me dirige principalement sur les technologies standards pour plusieurs raisons : L'accessibilité immédiate en termes de temps et de coûts durant la phase de conception, les temps de développement plus court (on peut passer 3 ans à mettre le procédé de fabrication d'une diode en place) et le faible coût de production dans le cas d'une production en masse. Nous disposons déjà de certaines briques technologiques en technologie CMOS AMS 0,35 µm. Or de nombreux travaux mentionnent la conception de SPAD sur la technologie haute tension du même fondeur. Utiliser cette technologie nous permettra donc de faire une transition en douceur avant de passer aux technologies plus fortement submicroniques.

Prospectives sur l'Imagerie ultrarapide conventionnelle
La très probable future fusion InESS/IMFS/LSIIT/équipe du LINC créerait un environnement propice à l'aboutissement d'un projet d'envergure tel que le projet SPIRIT. En effet, serait réuni en un seul laboratoire l'ensemble des compétences nécessaires à ce projet, à savoir la physique des capteurs, l'électronique de mise en œuvre, la conception de système, la reconstruction des images ainsi que les aspects applicatifs.

La reconstruction des images en tomographie optique revient à créer la cartographie de l'absorption et la diffusion du tissu traversé par la lumière. Elle est obtenue par résolution de problème inverse. Les algorithmes de reconstruction sont relativement complexes et il est nécessaire d'avoir de bonnes images brutes avec un bon rapport S/N. Par ailleurs, en tomographie optique, la résolution spatiale est directement couplée à la résolution temporelle. Par exemple, pour détecter finement les zones d'activation cérébrale, il faut avoir une caméra qui produit une durée d'obturation très faible de l'ordre de la centaine de picosecondes. On peut bien entendu utiliser un système de TCSPC intégré pour réaliser ces caméras. Cependant, les performances des systèmes à tube sont actuellement nettement supérieures à celle des TCSPC intégrés notamment en ce qui concerne le bruit d'obscurité. Se sont donc les systèmes à tube qui permettront, sur le court terme d'obtenir les performances les plus ultimes.

Pour améliorer la qualité d'image d'un intensificateur, il faut appliquer une tension de photocathode plus élevée. Pour augmenter la résolution temporelle, il est nécessaire d'appliquer une impulsion électrique plus courte. Les générateurs d'impulsions électriques les plus rapides utilisent un phénomène particulier des diodes à recouvrement en échelon (SRD) ou à avalanche en mode retardé (DBD). Or il devient de plus en plus difficile de trouver ces composants dans le commerce, notamment pour les hautes tensions. Afin d'obtenir des performances supérieures, nous pourrions réaliser des SRD au laboratoire. En effet, l'InESS dispose de toutes les installations nécessaires à la réalisation de ce type de composants. Une collaboration avec la société suisse montena emc spécialisée dans les générateurs rapides a été mise en place. Cette activité est très orientée vers les matériaux et les procédés de fabrication. Je ne me positionne donc pas en tant qu'expert dans ce domaine, mais je m'appuie sur les compétences de plusieurs personnes au laboratoire pour lancer cette thématique.

Par ailleurs, des modifications devront encore être apportées aux intensificateurs d'image. Une structure de guide d'onde doit être utilisée afin de propager au mieux les ondes de tension ultrarapides. La collaboration avec la société Photonis SA sera poursuivie dans ce but.

8. Références (289)

[AFL09] F. AFLATOUNI, H. HASHEMI, *A 1.8mW Wideband 57dBΩ Transimpedance Amplifier in 0.13μm CMOS*, IEEE Radio Frequency Integrated Circuits Symposium, pp. 57, 2009.

[AGE09] N.V. AGEEVA, S.V. ANDREEV, V.P. DEGTYAREVA, D.E. GREENFIELD, S.R. IVANOVA, A.M. KAVERIN, T.P. KULECHENKOVA, G.P. LEVINA, V.A. MAKUSHINA, M.A. MONASTYRSKIY, N.D. POLIKARKINA, M.YA. SCHELEV, Z.M. SEMICHASTNOVA, T.A. SKABALLANOVICH, V.E. SOKOLOV, *Sub-100 fs streak tube*, Proc. SPIE Vol. 7126, N° :71261b, 2009.

[AGI10] AGILENT Web site : http://www.agilent.com

[AMB86] P. AMBS, S. H. LEE, Q. TIAN and Y. FAINMAN, *Optical implementation of the Hough transform by a matrix of hologram*, Applied Optics, Vol. 25, pp: 4039-4045, 1986.

[AMK10] ANKOR TECHNOLOGY Website : http://www.amkor.com

[ANA02] B. ANALUI, A. HAJIMIRI, *Multi-Pole Bandwidth Enhancement Technique for Trans-impedance Amplifiers*, IEEE ESSCIRC, pp. 303, 2002.

[APT10] APTINA web site : http://www.aptina.com/

[ARR99] S.R. ARRIDGE, *Optical tomography in medical imaging*, Inverse Problems, Vol. 15, pp. R41-R93, 1999.

[AUB02] D. AUBERT, P. MILLIER, M. PAINDAVOINE, *Geometric deformation measurement and correction applied to dynamic streak camera images*, Measurement Science and Technology Vol. 13, pp. 1910-1923, 2002.

[BAI88] J. BAILEY, G. C. TISONE, M. J. HURST, R. L. MORRISON, K. W. BIEG, *Time-resolved visible spectroscopy of laser-produced lithium plasmas*, Rev. Sci. Instrum. Vol. 59, pp. 1485, 1988.

[BAR10]C. BARTOLACCI, M. LAROCHE, H. GILLES, S. GIRARD, T. ROBIN, B. CADIER, *Generation of picosecond blue light pulses at 464 nm by frequency doubling an Nd-doped fiber based Master Oscillator Power Amplifier*, Optics Express, Vol. 18, Issue 5, pp. 5100-5105, 2010.

[BAS00] S. BASU AND Y. BRESLER, *O(N^2 log$_2$ N) filtered backprojection reconstruction algorithm for tomography*, IEEE Tran. Image Process. 9, 1760–1773, 2000.

[BAU00] K. A. BAUCHERT AND S. A. SERATI, *High-speed multilevel 512x512, spatial light modulator*, Proc. SPIE 4043, 59–65 2000.

[BEC05] W. BECKER, *Advanced Time-Correlated Single Photon Counting Techniques*, Springer; 1ère edition, ISBN 978-3540260479, 2005.

[BEN99] C. V. BENNETT, B. H. KOLNER, *Upconversion time microscope demonstrating 103× magnification of femtosecond waveforms*, Optics letters, Vol. 24, pp. 783, 1999.

[BEN00a] C.V. BENNETT, B. H. KOLNER, *Principles of Parametric Temporal Imaging— Part I: System Configurations*, IEEE Jour. of Quantum Electronics, Vol. 36, pp. 430, 2000.

[BEN00b] C.V. BENNETT, B. H. KOLNER, *Principles of Parametric Temporal Imaging— Part II: System Performance*, Vol. 36, pp. 649, 2000.

[BEN07], C.V. BENNETT, *Ultrafast Time Scale Transformation and Recording Utilizing Parametric Temporal Imaging*, IEEE/LEOS Summer Topical Meetings, pp. 180, 2007.

[BEN08] T.J. BENSKY L. CLEMO,C. GILBERT, B. NEFF, M.A. MOLINE AND D. ROHAN, *Observation of nanosecond laser induced fluorescence of in vitro seawater phytoplankton* Applied Optics Vol. 47, pp. 3980-3986, 2008.

[BIG02] L. BIGUÉ, L. JOURDAINNE, AND P. AMBS, *High speed ferroelectric greyscale spatial light modulator for implementing diffractive optical elements*, Diffractive Optics and Micro-optics, OSA TOPS 75, 58–62,2002.
[BIG05] M. BIGAS, E. CABRUJA, J. FOREST, J. SALVI, *Review of CMOS image sensors*, Microelectronics Journal Vol. 37, pp. 433–451, 2006.
[BOU10] BOULDER NONLINEAR SYSTEM, website, <www.bnonlinear.com>, 2010.
[BOU04] A. BOUMEZZOUGH, A. Al FALOU et C. COLLET, *Optical image compression based on filtering of redundant information in Fourier domain with a segmented amplitude mask (SAM)*, CSIMTA-IEEE-SEE Complex Systems, Intelligence and Modern Technological Applications, pp : 655- 570, 2004.
[BOS10] BOSTON micromachine web site : http://www.bostonmicromachines.com
[BOY70] W. S. BOYLE and G. E. Smith, *Charge-coupled semiconductor device*, Bell Systems Technical Journal, vol. 49, pp : 587, 1970.
[BRA05] D. BRASSE, B. HUMBERT, C. MATHELIN, M. C. RIO et J. L. GUYONNET, *Towards an Inline Reconstruction Architecture for micro-CT Systems*, Physics in Medicine and Biology, vol. 50, pp : 5799-5811, 2005.
[BRI55] B. BRIXNER, *One Million Frame per Second Camera*, JOSA, Vol. 45, Issue 10, pp. 876-880, 1955.
[BRU00] H. BRUDER, M. Machelriess, S. Schaller, K. Stierstorfer, T. Flohr, *Single-slice rebinning reconstruction in spiral cone-beam CT*, IEEE Transactions on Medical Imaging, Vol. 19(9), pp : 873-887, 2000.
[BRU54] H. BRUINING, *Physics and applications of secondary electron emission*, McGraw-Hill Book Co., Inc.; 1954.
[BYR89] D. M. BYRNE, B. A. KEATING, *A laser diode model based on temperature dependent rate equations*, IEEE Photonics technology letters, Vol. 1, pp 356-359, 1989.
[CAS01] CASADEI B., LE NORMAND J.P., CUNIN B., HU Y., *Design and characterisation of a fast CMOS APS imager for high speed laser detection*, IEEE Instrum. and Measur. Tech. Conference (IMTC 2001), Proc. Vol. 2 pp. 1065-1069, 2001.
[CHA05] H. G. CHATELLUS, C. VIGNAL, S. RAMSTEIN, N. VERJAT, N. MATHEVON, S. MOTTIN, *Diffuse Optical Tomography with an amplified ultrafast laser and a single-shot streak camera : application to real time in vivo songbird neuro-imaging*. Proc. of SPIE Vol. 5964, 59640M, 2005.
[CHA06] C.T. CHAN, O. T.C. CHEN, *Inductor-less 10Gb/s CMOS Transimpedance Amplifier Using Source-follower Regulated Cascode and Double Three-order Active Feedback*, IEEE International Symposium on Circuits and Systems, ISCAS, pp. 5487, 2006.
[CHE03] K.-H. CHENG, Y.-H. LIN, *A dual-pulse-clock double edge triggered flip-flop for low voltage and high speed application,* Circuits and Systems, 2003. ISCAS '03. Proc. Vol. 5, pp. V-425 - V-428, 2003.
[CHE06] W. Z. CHEN, C. H. LU, *Design and Analysis of A 2,5-Gbps Optical Receiver Analog Front-End in a 0,35 μm Digital CMOS Technology*, IEEE trans on Circuits and systems-I, vol. 53, pp 977, 2006.
[CHE07a] W. Z. CHEN, S. H. HUANG, *A 2.5 Gbps CMOS Fully Integrated Optical Receicer with Lateral PIN Detector*, Custom Integrated Circuits Conference, pp. 293, 2007.
[CHE07b] W.Z. Chen, S.H. Huang, G. W. Wu, C.C. Liu, Y.T. Huang, C.F. Chiu, W.H. Chang, Y.Z. Juang, A 3,125 Gbps CMOS Fully Integrated Optical Receiver with Adaptive Analog Equalizer, IEEE Asian Solid-State Circuits Conference, pp. 396, 2007.
[CLA80] N.A. CLARK, S.T. LAGERWALL, *Submicrosecond bistable electro-optic switching in liquid crystals*, App. Phys. Lett. 36, 1980.

[CMP10] CENTRE MULTI PROJET Website : http://cmp.imag.fr/
[COR10] CORDIN Web site : http://www.cordin.com.
[CSO71] I.P. CSORBA, *Transit Time Spread Limited Time Resolution of Image Tubes in Streak Operation*, RCA Review, Vol 32, pp 650-659, 1971.
[CSU02] S. M. CSUTAK, J. D. SCHAUB, W. E. WU, J. C. CHAMPBELL, High-*speed monolithically integrated silicon photoreceivers fabricated in 130-nm CMOS technology*, IEEE Photonics Technology Letters, Vol. 14, pp. 516-518, 2002
[CYP10] CYPRESS web site : http://www.cypress.com/, 2010
[DAN97]. P. E. DANIELSSON AND M. INGERHED, *Backprojection in O_N2 log2 N_time*, in Proc. IEEE Imaging Conf., 1997.
[DEF94] M. DEFRISE AND R. CLACKDOYLE, *A cone-beam reconstruction algorithm using shift-variant filtering and cone-beam backprojection*, IEEE Trans. Med. Imaging 13 186–195, 1994.
[DEM97] N. DEMOLI, U. DAHMS, H. GRUBER, AND G. WERNICKE, *Influence of flatness distortion on the output of a liquid-crystal-television-based joint transform correlator system*, Appl. Opt. 3632, 8417–8426, 1997.
[DES09] M. EL-DESOUKI, M. J. DEEN, Q. FANG, L. LIU, F. TSE AND D. ARMSTRONG, *CMOS Image Sensors for High Speed Applications*, Sensors, Vol. 9, pp. 430-444, 2009.
[DIS10] DISPLAYTECH website, <www.displaytech.com>, 2010.
[DLP10] DLP Technology (a part of Texas Instruments) website. <www.dlp.com>, 2005.
[DOW98] K. DOWLING, M. J. DAYEL, M. J. LEVER, AND P. M. W. FRENCH, J. D. HARES AND A. K. L. DYMOKE-BRADSHAW, *Fluorescence lifetime imaging with picosecond resolution for biomedical applications,* OPTICS LETTERS, Vol. 23, No. 10, 1998.
[DUB99] A DUBOIS., A.C BOCCARA., Real-time reflectivity and topography imagery of depth-resolved microscopic surfaces, Opt. Lett., 24 (5), 309-311, 1999.
[EDH87]. P. EDHOLM AND G. HERMAN, *Linograms in image reconstruction from projections*, IEEE Trans. Med. Imaging 6, 301–307, 1987.
[EFR07] E. V. EFREMOV, J. B. BUIJS, C. GOOIJER, F. ARIESE, *Fluorescence Rejection in Resonance Raman Spectroscopy Using a Picosecond-Gated Intensified Charge-Coupled Device Camera*, Applied Spectroscopy, Vol. 61, Issue 6, pp. 571-578, 2007.
[EFR94] U EFRON. *Spatial Light Modulators Technology : Materials, Devices, and Applications.* Ed. Dekker. N° ISBN : 0-8247-9108-8. 1994.
[ELL94] ELLOUMI, M.; FAUVET, E.; GOUJOU, E.; GORRIA, P. *The Study of a Photosite for Snapshot Video.* Proc. SPIE: International Congress on High Speed Imaging and Photonics (ICHSIP) Vol. 2513, pp. 259-267, 1994.
[ESC88] ESCHER, C., GEELHAAR, T., & BO˝HM, E. *Measurement of the rotational viscosity of ferroelectric liquid crystals based on a simple dynamical model.* Liquid Crystals, 3(4), 469–484, 1988.
[ETO03] T. G. ETOH, D. POGGEMANN, G. KREIDER, H. MUTOH, A. J. P. THEUWISSEN, A. RUCKELSHAUSEN, Y. KONDO, H. MARUNO, K. TAKUBO, H. SOYA, K. TAKEHARA, T. OKINAKA, AND Y. TAKANO, *An Image Sensor Which Captures 100 Consecutive Frames at 1 000 000 Frames/s,* IEEE trans on electron devices, Vol. 50, N° 1,pp 144-151, 2003.
[ETO05] TG ETOH, H MUTOH, *An image sensor of 1 Mfps with photon counting sensitivity,* Proc. SPIE, Vol. 5580, pp 301-307, 2005.
[ETO99] T. G. ETOH, H. MUTOH, K. TAKEHARA, AND T. OKINAKA, *An improved design of an ISIS for a video camera of 1000000 fps*, in Proc. Part IS&T/SPIE Conf. High-Speed Imaging, Vol. 3642, pp. 127–132, 1999.
[EWI04] T. EWING, S. SERATI, K. BAUCHERT, *Optical correlator using four kilohertz analog spatial light modulators*, Proc. of SPIE, vol. 5437, pp : 123-133, 2004.

[FEL84] L. A. FELDKAMP, L. C. DAVIS, AND J. W. KRESS, *Practical cone beam algorithm*, J. Opt. Soc. Am. 1, 612–619, 1984.

[FEN07] M. FENG AND W. SNODGRASS, *InP pseudormorphic heterojunction bipolar transistor (PHBT) with ft > 750GHz*, in Proc. IEEE 19th Int. Conf. Indium Phosphide Related Materials (IPRM '07), pp. 399–402, 2007

[FER02] M. Ferianis, M. Danailov, Streak Camera Characterization Using a Femtosecond Ti:Sapphire Laser, Tenth Beam Instrumentation Workshop AIP, pp. 203-211.

[FIG09] M.FIGUEIREDOM R.L. AGUIAR, *Time Precision Comparison of Digitally Controlled Delay Elements*, IEEE International Symposium on Circuits and Systems, ISCAS 2009. pp. 2745, 2009.

[FOS08] M. A. FOSTER, RE. SALEM, D. F. GERAGHTY, A. C. TURNER-FOSTER, M. LIPSON, A. L. GAETA, *Silicon-chip-based ultrafast optical oscilloscope*, Nature, Vol. 456, pp. 81

[FRA09] T. FRACH, G. PRESCHER, C. DEGENHARDT, R. GRUYTER, A. SCHMITZ, R. BALLIZANY, *The Digital Silicon Photomultiplier-Principle of Opération and Intrinsic Detector Performance*, IEEE conf. Nucl. Sci. Symposium, pp. 1959, 2009.

[FUK95] A. FUKUDA, *Pretransitional effect in AF-F switching: To suppress it or to enhance it, that is the question about AFLCD's*, in: Proceedings of the Fifteenth IDRC Asia Display, 1995.

[GAC08] N. GAC, S. MANCINI, M. DESVIGNES, D. HOUZET, *High Speed 3D Tomography on CPU, GPU, and FPGA*, EURASIP Journal on Embedded Systems, Volume 2008 , Article ID 930250, 2008

[GAC09] N. GAC, A. VABRE, A. MOHAMMAD DJAFARI, F. BUYENS ,S. LEGOUPIL, *Parallélisations sur GPU d'un algorithme de reconstruction 3D Bayesien en tomographie X*, GDR MI2B & CERIMED GPU Workshop, Obernai France, 2009

[GAO08] F. GAO, H. ZHAO, L. ZHANG, Y. TANIKAWA, A. MARJONO & Y. YAMADA, *A self-normalized, full time-resolved method for fluorescence diffuse optical tomography*, Optics Express, Vol. 16, pp. 13104-13121, 2008.

[GEN01] J. GENOE, D. COPPEE, J.H. STIENS, R.A. VONEKX, M. KUIJK, *Calculation of the current response of the spatially modulated light CMOS detector*, IEEE Transactions on Electron Devices, Vol. 48, pp. 1892, 2001.

[GER09] M. GERSBACH, Y. MARUYAMA, E. LABONNE, J. RICHARDSON, R. WALKER, L. GRANT, R. HENDERSON, F. BORGHETTI, D. STOPPA, E. CHARBON, *A Parallel 32x32 Time-to-Digital Converter Array Fabricated in a 130 nm Imaging CMOS Technology*, Proceedings of ESSCIRC, pp. 196, 2009.

[GER09] M. GERSBACH, C. NICLASS, E. CHARBON, J. RICHARDSON, R. HENDERSON, L. GRANT, *A single photon detector implemented in a 130nm CMOS imaging process*, Conference Solid-State Device Research ESSDERC, pp. 270, 2008.

[GIA92] P.D. GIANINO et C.L. Woods, *Effects of spatial light modulators opaque dead zones on optical correlation*, Applied Optics, vol. 31(20), 1992.

[GIB05] A.P. GIBSON, J.C. HEBDEN & S.R. ARRIDGE, *Recent advances in diffuse optical imaging*, Physics in Medicine and Biology, Vol. 50, pp. R1-R43, 2005.

[GIL72] P. GILBERT, *Iterative methods for the reconstruction of three dimensional objects from their projections*, Journal of Theoretical Biology, Vol. 36, pp : 105-117, 1972.

[GIN09] J. MCGINTY, J. REQUEJO-ISIDRO, I. MUNRO, C. B. TALBOT, P. A. KELLETT, J. D. HARES, C. DUNSBY, M. A. NEIL, P. M. W. FRENCH, *Signal-to-noise characterization of time-gated intensifiers used for wide-field time-domain FLIM*, J. Phys. D: Appl. Phys. Vol. 42, N0 : 135103, 2009.

[GOO77] J. W. GOODMAN, *Operations achievable with coherent optical information processing systems*, Proceedings of IEEE, vol. 65(1), pp : 29- 38, 1977.

[GRI07] Z. GRIFFITH, E. LIND, M. J. W. RODWELL, X.-M. FANG, D. LOUBYCHEV, Y. WU, J. M. FASTENAU, AND A. W. K. LIU, *Sub-300 nm InGaAs/InP Type-I DHBTs with a 150 nm collector, 30 nm base demonstrating 755 GHz fmax and 416 GHz fT*, in Proc. IEEE Indium Phosphide Related Materials, pp. 403–406, 2007.

[HAI63] R.H. HAITZ, A. GOETZBERGER, R. M. SCARLETT, W. SHOCKLEY, *Avalanche Effect in Silicium P-N Junctions. I. Localized Photomultiplication Studies on Microplasmas*, Journal of Applied Physic, Vol. 34, pp. 1581, 1963.

[HAM06] HAMAMATSU, *Photomultiplier Tubes, Basics and applications*, 3ème édition, éditeur : Hamamatsu Photonics K.K. TOTH9001E03, 2006.

[HAM07] T. HAMAOKA, K.K. Mc CULLY, V. QUARESIMA, K. YAMAMOTO, B. CHANCE, *Near-infrared spectroscopy/imaging for monitoring muscle oxygenation and oxidative metabolism in healthy and diseased humans*, Journal of Biomedical Optics, Vol. 12, pp.62105, 2007.

[HAM09] E. HAMMOUDI, A. MOKHTAR, *Low noise and high bandwidth 0.35 μm CMOS transimpedance amplifier*, International Conference on Microelectronics (ICM), pp. 26, 2009.

[HAL06] J. HALLIN, T. KJELLBERG, AND T. SWAHN, *A 165-Gb/s 4:1 multiplexer in InP DHBT technology*, IEEE J. Solid-State Circuits, vol. 41, no. 10, pp. 2209–2214, 2006.

[HAR79] C. M. HARRIS, B. K. SELINGER, *Single-photon decay spectroscopy. II the pile-up problem*, Aust. J. Chem, Vol. 32, pp. 2111, 1979.

[HAR88] C. S. HARDER, B. VAN ZEGHBROECK, H. MEIER, W. PATRICK, P. VETTIGER, *5.2-GHz bandwidth monolithic GaAs optoelectronic receiver*, IEEE Electron Device Letters, Vol. 9, pp. 171, 1988

[HAR08] J. D. HARES, A. K. L. DYMOKE-BRADSHAW, *A novel compact high speed x-ray streak camera (invited)*, Rev. Of. Sci. Instr. Vol 79, N° : 10F502, 2008.

[HAS99] N. HASSEN, M. JUNG, B. CUNIN, *RDS and IRDS filters for fast CCD video Sensors*, , Eur. Phys. J. Appl. Phys. 5, pp. 209-214, 1999

[HAW00] D. J. HAWRYSZ, E. M. SEVICK-MURACA, *Developments Toward Diagnostic Brest Cancer Imaging Using Near-Infrared Optical Measurement and Fluorscent Contrast Agents*, Neoplasia, Vol. 2, N°5, pp 388-417, 2000.

[HAY08] T. HAYASHIDA, J. YONAI, K. KITAMURA, T. ARAI, T. KURITA, K. TANIOKA, H. MARUYAMA, T. GOJI ETOH, S. KITAGAWA, K. HATADE, T. YAMAGUCHI, H. TAKEUCHI, AND K. IIDA, *Improvement in the light sensitivity of the ultrahigh-speed, high sensitivity CCD with a microlens array*. Proc. of SPIE Vol. 6890, N°:68900M, 2008.

[HEB93] J. C. HEBDEN, *Line scan acquisition for time-resolved imaging through scattering media*, Optical Engineering, Vol 32, pp. 626-633, 1993.

[HEN09] D. HENRY, S. CHERAMY, J. CHARBONNIER, P. CHAUSSE, M. NEYRET, G. GARNIER, C. BRUNET- MANQUAT, S. VERRUN, N. SILLON, *Development and characterisation of high electrical performances TSV for 3D applications*, IEEE Electronics Packaging Technology Conference, pp. 528, 2009.

[HER71] G. T. HERMAN et S. ROWLAND, *Resolution in ART: An experimental investigation of the resolving power of an algebraic picture reconstruction*, Journal of Theoretical Biology, Vol. 33, pp. 213-233, 1971.

[HIS05] S. HISATAKE, K. SHIBUYA,T. KOBAYASHI, *Ultrafast traveling-wave electro-optic deflector using domain-engineered LiTaO$_3$ crystal*, Applid Physics Letters, Vol. 87, N° :081101, 2005.

[HIS08] S. HISATAKE, K. TADA, T. NAGATSUMA, *Linear time-to-space mapping system using double electrooptic beam deflectors*, Optics Express, Vol. 16, pp. 21753, 2008.

[HO78] P. -T. HO, L. A. GLASSER, E. P. IPPEN, H. A. HAUS, *Picosecond pulse generation with a cw GaAlAs laser diode*, Appl. Phys. Lett, Vol. 33, pp. 241-242, 1978.

[HO96] J. Y. L. HO, K. S. Wong, *Bandwidth Enhancement in Silicon Metal- Semiconductor-Metal Photodetector by Trench Formation*, IEEE, Phot. Tech. Lett. Vol. 8, pp. 1064, 1996.

[HOL10] HOLOEYE web site : http://www.holoeye.com/, 2010

[HOR99] L.J. HORNBECK, *Digital Light Processing update: status and future applications*, Proc. SPIE 3634, 1999.

[HOR03] J.K.H HORBER., M.J MILES., Scanning Probe Evolution in Biology, Science, 302, 1002-1005, 2003.

[HOS07] Y. HOSHI, *Functional near-infrared spectroscopy: current status and future prospects*, Journal of Biomedical Optics, Vol. 12, pp. 62106, 2007.

[HUA94] S. HUARD, *Polarisation de la lumière*, ed. Masson, 1994.

[HUA07] W.K. HUANG, Y.C. LIU, Y.M. HSIN, *A high-Speed and High –Responsivity Photodiode in Standard CMOS Technology*, IEEE Phot. Tech. Lett. Vol. 19, pp. 197, 2007.

[HUA07] B. HUANG, XUZHANG, H. LIU, J. LIU, X. DAI, YUZHANG, H. CHEN, *A 1Gb/s silicon photo-receiver in standard CMOS for 850-nm optical communication*, Electron devices and semiconductor technology international workshop, pp. 210-213, 2007.

[HUA09] S. H. HUANG, W. Z. CHEN, *A 10 Gb/s CMOS Single Chip Optical Receiver with 2-D Meshed Spatially-Modulated Light Detector*, IEEE Custom Integrated Circuit Conférence, pp. 129, 2009.

[HUB05] J. HÜBNER AND H. M. VAN DRIEL, J. S. AITCHISON, *Ultrafast deflection of spatial solitons in AlxGa1−xAs slab waveguides*, Optics Letters, Vol. 30, pp. 3168, 2005.

[HUM03] A.D.L HUMPHRIS, J.K HOBBS., M.J MILES., *Ultrahigh-speed scanning near-field optical microscopy capable of over 100 frames per second*, App. Phys. Lett., 83, 6-8, 2003.

[HSU09] M. J. HSU, H. FINKELSTEIN, S. C. ESENER, *A CMOS STI-Bound Single-Photon Avalanche Diode With 27-ps Timing Resolution and a Reduced Diffusion Tail*, IEEE electronic Device Letters, Vol. 30, pp. 641, 2009.

[HYN93] HYNECEK, *Charge multiplying detector (CMD) suitable for small pixel CCD image sensors*, U.S. Pat. N° :5,337,340,1993

[IDQ10] IDQUANTIQUE SA website : http://www.idquantique.com

[IDT10] IDT web site : http://www.idtpiv.com

[IZE06] I. IZEDDIN, A. S. MOSKALENKO, I. N. YASSIEVICH, M. FUJII, T. GREGORKIEWICZ, *Nanosecond dynamics of the near-infrared photoluminescence of Er-doped SiO2 sensitized with Si nanocrystals*, Vol. 97, pp. 207401, 2006.

[JAR08] M. JARRAHI, R. F. W. PEASE, D. A. B. MILLER, T. H. LEE, *Optical switching based on high-speed phased array optical beam steering*, Applied Physics Letters, Vol. 92, N° : 014106, 2008.

[JI02] LI JI, JUN LE QU, ZHOU JUN LAN, Q.L. YANG, H. ZHANG, H. NIU, *Sampling-image streak framing technique and its special streak image tube*, Nucl. Instr. and Meth. in Physics Research A, Vol. 489 pp. 241–246, 2002.

[JUN98] M. JUNG, *Etude, réalisation et caractérisation d'une caméra CCD numérique rapide (1000 images par seconde) à mémoire intégrée et pilotable par lien SCSI*, Thèse Universitaire, ULP, Strasbourg, soutenu le 27 novembre, 1998.

[JUT05] M. JUTZI, M. GROZING, E. GAUBLER, W. MAZIOSCHEK, M. BERROTH, *a 2-Gb/s CMOS Optical Integrated Receiver With a Spatially Modulated Photodetector*, IEEE Phot. Tech. Lett. Vol. 17, pp. 1268, 2005.

[KAC00] M. KACHELRIESS, S. SCHALLER, AND W. KALENDER, *Advanced single-slice rebinning in cone-beam spiral CT*, Med. Phys. 27, 754–772, 2000.
[KAC01] M. KACHELREISS, T. FUCHS, S. SCHALLER, W. A. KALENDER, *Advances single-slice rebinning for tilted spiral cone-beam CT*, Medical Physics, Vol. 28(6), pp : 1033-1041, 2001.
[KAK01] A. C. KAK et M. SLANEY, *Principles of Computerized Tomographic Imaging*, Society of Industrial and Applied Mathematics, 2001.
[KAN07] H-S. KANG, M.J. LEE, W-Y. CHOI, *Si avalanche photodetectors fabricated in standard complementary metal-oxide-semiconductor process*, Applied Physics Letters, Vol. 90, pp. 151118, 2007.
[KAO09] T. S-C. KAO, A. C. CARUSONE, *A 5-Gbps Optical Receiver with Monolithically Integrated Photodectector in 0.18-µm CMOS*, IEEE Radio Frequency Integrated Circuits Symposium, RFIC, pp. 451, 2009.
[KAO10] T. S.-C. KAO, F. A. MUSA, A. C. CARUSONE, *A 5-Gbit/s CMOS Optical Receiver With Integrated Spatially Modulated Light Detector and Equalization*, IEEE Trans. On Circuits and systems I, à venir, 2010
[KAR07] P. KARIMOV, C. V. LE, K. TAKEHARA, S. YOKOI, T. G. ETOH, Y. SAITOH, *Phototriggering system for an ultrahigh-speed video microscopy*, Rev. Of Sci. Instrum. Vol. 78, N°113702, 2007.
[KAT10a] G. KATTI, M. STUCCHI, J. V. OLMEN, K. D. MEYER, W. DEHAENE, *Through-Silicon-Via Capacitance Reduction Technique to Benefit 3-D IC Performance*, IEEE Elect. Dev. Letters, Vol. 31, pp. 549, 2010.
[KAT10b] G. KATTI, M. STUCCHI, K. D. MEYER, W. DEHAENE, *Electrical Modeling and Characterization of Through Silicon via for Three-Dimensional ICs*, IEEE Tran. on Elect. Dev, Vol. 57, pp.256, 2010.
[KAZ08] P. KAZANZIDES, G. FICHTINGER, G. D. HAGER, A. M. OKAMURA, L. L. WHITCOMB, AND R. H. TAYLOR, *Surgical and Interventional Robotics, Core Concepts, Technology, and Design*, IEEE Robotics & Automation Magazine, June, pp. 122-130, 2008.
[KEN10] KENTECH website : http://www.kentech.co.uk.
[KIE06] KIEFER R., MONTGOMERY P.C., MONTANER D., ANSTOTZ F., *Mesure de déformations dynamiques de MEMS résonnants par la microscopie à saut de phase*, CMOI, pp. 20-24, 2006.
[KIM94] B. KIM, T. C. WEIGANDT AND P. R. GRAY, *PLL/DLL System Noise Analysis for Low Jitter Clock Synthesizer Design*, IEEE Transactions on Circuits and Systems, Vol. 4, pp. 31-34, 1994.
[KIM09] Y.-S. KIM, V. MAKAROV, Y.-C. JEONG, Y.-H. KIM, *Silicon Single-Photon Detector with 5 Hz Dark Counts*, Conference on Lasers and Electro-Optics, CLEO/QELS, pp. 1, 2009.
[KIM10] J. KIM, J. F. BUCKWALTER, *Bandwidth Enhancement With Low Group-Delay Variation for a 40-Gb/s Transimpedance Amplifier*, IEEE Tran. On circuits and systems-I, Vol. 57, pp. 1964, 2010
[KIN87] K. KINOSHITA, M. ITO, Y. SUZUKI, *Femtosecond Streak Tube*, Review of Scientific Instruments, Vol 58, No 6, pp 932-938, 1987.
[KIN97] W.J. KINDT, N.H. SHAHRJERDY, H.W. VAN ZEIJL, *A silicon avalanche photodiode for single optical photon counting in the Geiger mode*, Sensors and Actuators Vol. 60, pp. 98, 1997.
[KIT07] K. KITAMURA, T. ARAI, J. YONAI, T. HAYASHIDA, H. OHTAKE, T. KURITA, K. TANIOKA, H. MARUYAMA, J. NAMIKI, T. YANAGI, T. YOSHIDA, H. V. KUIJK, J. T. BOSIERS, T. G. ETOH, *Ultrahigh-speed, high-sensitivity color camera with 300,000-pixel single CCD*, Proc. of SPIE Vol. 6279, N° : 62791L, 2007.

[KLE87] S. KLEINFELDER, *Development of a switched capacitor based multi-channel transient waveform recording integrated circuit*, IEEE Trans on Nucl Sci, Vol. 35, No. 1, pp. 151-154, 1988.

[KLE90] S. A. KLEINFELDER, *A 4096 Cell Switched Capacitor Analog Waveform Storage Integrated Circuit*, IEEE Trans Nucl Sci, vol. 37, No. 3, pp. 1230-1236, 1990.

[KLE01] S. KLEINFELDER, L. SUKHWAN, L. XINQIAO, E. A. EL GAMAL, *A 10 000 frames/s CMOS digital pixel sensor*, IEEE journal of solid-state circuits,: Vol. :36, pp. 2049 -2059, 2001.

[KLE03a] S. A. KLEINFELDER, *Gigahertz Waveform Sampling and Digitization Circuit Design and Implementation*, IEEE tran on nucl sci, Vol. 50, N°4, pp 955-962, 2003.

[KLE03b] S. KLEINFELDER, K. KWIATOWSKI, *Multi-Million Frames/s Sensor Circuits for Pulsed-Source Imaging*, Nuclear Science Symposium Conference Record, IEEE, Vol.3, pp. 1504 – 1508, 2003

[KLE04a] S. KLEINFELDER, Y. CHEN, K. KWIATOWSKI, A. SHAH, *Four million frames/s CMOS image sensor prototype with on focal plane 64 frame storage*, Proc. SPIE, Vol. 5210, pp. 76-83.

[KLE04b] S. KLEINFELDER, Y. CHEN, K. KWIATKOWSKI, A. SHAH, *High-speed CMOS image sensor circuits with in situ frame storage*, IEEE Trans on Nucl Science, Vol. 51, pp. 1648-1656, 2004.

[KLE09] S. KLEINFELDER, S.-H. WOOD CHIANG, W. HUANG, A. SHAH, K. KWIATKOWSKI, *High-Speed, High Dynamic-Range Optical Sensor Arrays*, IEEE trans. On nucl. Sci, Vol 56, N°3, pp 1069-1075, 2009.

[KOE07] S. J. KOESTER, C. L. SCHOW, L. SCHARES,G. DEHLINGER, J. D. SCHAUB, F. E. DOANY, R. A. JOHN, *Ge-on-SOI-Detector/Si-CMOS-Amplifier Receivers for High-Performance Optical-Communication Applications*, Journal of lightwave technology, Vol. 25, pp.46, 2007.

[KRY99] A. KRYMSKI, D. VAN BLERKOM, A. ANDERSSON, N. BLOCK, B. MANSOORIAN, AND E. R. FOSSUM, *A high-speed, 500 Frames/s, 1024x1024 CMOS active pixel sensor*, Proc. Symp. VLSI Circuits, pp. 137 - 138, 1999.

[KRY03] A.I. KRYMSKI, N.E. BOCK,T. NIANRONG, D. VAN BLERKOM, E.R. FOSSUM, *A high-speed, 240-frames/s, 4.1-Mpixel CMOS sensor* , Electron Devices, IEEE Transactions on, Vol. 50 , Iss. 1, pp. 130 – 135, 2003.

[KUD94] H. KUDO AND T. SAITO, *Derivation and implementation of a conebeam reconstruction algorithm for nonplanar orbits*, IEEE Trans. Med. Imaging 13, 196–211, 1994.

[KUM06] R. KUMAR, V. KURSUN, *Impact of Temperature Fluctuations on Circuit Characteristics in 180nm and 65nm CMOS Technologies*, IEEE International Symposium on Circuits and Systems, ISCAS 2006. pp. 4, 2006.

[KWI04] K. KWIATOWSKI, J. LYKE, R. WOJNAROWSKI, C. KAPUSTA, S. KLEINFELDER, M. WILKE, *3-D Electronics Interconnect for High-Performance Imaging Detectors*, IEEE Tran. on Nucl. Scienc. Vol. 51, pp. 1829.

[LAI92] C. LAI, *A new tubeless nanosecond streak camera based on optical deflection and direct CCD imaging*, Proc. SPIE, Vol. 1801, pp. 454-468, 1992.

[LAI03] C. LAI , D. R. GOOSMAN, T. W. JAMES, G. R. AVARA, *Design and field test of a galvanometer deflected streak camera*, Proc. SPIE 4948 330-335, 2003.

[LAI07] R. LAI, X. B. MEI, W. R. DEAL, W. YOSHIDA, Y. M. KIM, P. H. LIU, J. LEE, J. UYEDA, V. RADISIC, M. LANGE, T. GAIER, L. SAMOSKA, A. FUNG, *Sub 50 nm InP HEMT device with fmax greater than 1 THz*, in Proc. IEEE Int. Electron Devices Meeting (IEDM '07), pp. 609–611, 2007.

[LAT91] A.L. LATTES, S.C. MUNROE, M.M. SEAVER, *ultrafast shallow-burried-channel CCD's with built-in drift fields*, IEEE Elect. Dev. Letters, Vol. 12, No 3, pp. 104-107, 1991.

[LAU88] K.Y. LAU, *Gain switching of semiconductor lasers*, Appl. Phys. Lett. Vol. 52, pp. 257-,259 1988.
[LAV10] LAVISION website : http://www.lavision.de
[LI91] Y. LI, D. Y. CHEN, L. YANG, R. R. ALFANO, *Ultrafast all-optical deflection based on an induced area modulation in nonlinear materials*, Optics letters, Vol. 16, pp. 438, 1991.
[LIA05] L. LIAO, D. SAMARA-RUBIO, M. MORSE, A. LIU, D.H. ODGE, D. RUBIN, U.D. KIEL, T. FRANCK, *High speed silicon Mach-Zehnder modulator*, Opt. Exp. 13 (8) 3129, 2005.
[LI06] M. LI, B. HAYES-GILL, I. HARRISON, *6 GHz transimpedance amplifier for optical sensing system in low-cost 0.35 µm CMOS*, Electronic Letters, Vol. 42, pp 1278, 2006.
[LE09] C. V. LE, T. G. ETOH, H. D. NGUYEN, V. T. S. DAO, H. SOYA, M. LESSER, D. OUELLETTE, H. VAN KUIJK, J. BOSIERS, AND G. INGRAM, *A Backside-Illuminated Image Sensor With 200 000 Pixels Operating at 250 000 Frames per Second*, IEEE trans. on electron devices, Vol 56, N° 11, pp. 2556-2562, 2009.
[LEC10] LECROY Web site : http://www.lecroy.com
[LEE04] C. LEE; C.-H. WU; S.-I. LIU, *A 1.2V, 18mW, 10Gb/s SiGe transimpedance amplifier*, IEEE Advanced System Integrated Circuits, pp. 300, 2004
[LIT01] D. LITWILLER, *CCD vs. CMOS : facts and fiction*, Photonics spectra, January , 2001.
[LIU85] H. K. LIU, J. DAVIS, AND R. A. LILLY, *Optical data-processing properties of a liquid-crystal television spatial light modulator*, Opt. Lett. Vol 10, 635–637, 1985.
[LIU94] M. Y. LIU, E. CHEN, S. Y. CHOU, *140-GHz metal-semiconductor-metal photodetectors on silicon-on-insulator substrate with a scaled layer*, Appl. Phys. Lett. Vol. 65, pp. 887, 1994.
[LOW97] LOWRANCE, J.L.AND KOSONOCKY, W.F., *Million-frame-per-second CCD camera system*, SPIE Vol 2869, pp. 405-408, 1997
[LOW04] J.L. LOWRANCE, V. J. MASTROCOLA, G.F. RENDA, P.K. SWAIN, R. KABRA, M. BHASKARAN, J.R. *Tower,Ultra-High Frame CCD Imagers*, Proc. of SPIE Vol. 5210, pp 67-75, 2004.
[LU91]. T. LU, S. S. UPDA, AND L. UPDA, *Optoelectronic implementation of filtered backprojection tomography algorithm*, Proc. SPIE 1564, 704–713, 1991.
[LU95]. T. LU, *Optoelectronic system for implementation of iterative computer tomography algorithms*, U.S. Patent No. 5,414,623, 1995.
[LUT91] T. LU, S. S. Upda, L. Upda, *Optoelectronic implementation of filtered backprojection tomography algorithm*, Proc. of SPIE, Vol. 1564, pp : 704- 713. San Diego, 1991.
[MAA07] M. MAADANI, M. ATARODI, *A Low-Area, 0,18 µm CMOS, 10 Gb/s Optical Receiver Analog Front End*, IEEE International Symposium on Circuits and Systems,. ISCAS, pp. 3904, 2007
[MAD06] M. MADEC, *Conception, simulation et réalisation d'un processeur optique pour la reconstruction d'images médicales*, Thèse Universitaire, ULP, Strasbourg, soutenu le 10 novembre, 2006.
[MAH02] N. R. MAHAPATRA, A. TAREEN AND S. V. GARIMELLA, *Comparison and analysis of delay elements*, IEEE Circuits and Systems, MWSCAS-2002,Vol. 2, pp. 473-476, 2002.
[MAX91] B. MAXIMUS, E. DE LEY, A. DE MEYERE, H. Pauwels, *Ion transport in SSFLCD's*, Ferroelectrics, vol. 121, pp : 103-112, 1991.
[MAK08] R. E. Makon, R. Driad, R. Losch, J. Rosenzweig, and M. Schlechtweg, *100 Gbit/s fully integrated InP DHBT-based CDR/1:2 DEMUX IC*, in Proc. IEEE Compound Semiconductor Integrated Circuits Symp., CSICS '08, pp. 1–4, 2008.

[MAR04] D. V. MARTYSHKIN, R. C. AHUJA, A. KUDRIAVTSEV AND S. B. MIROV, *Effective suppression of fluorescence light in Raman measurements using ultrafast time gated charge coupled device camera*, Review of scientific instruments, Vol. 75, pp. 630-635, 2004.

[MAR08] M.A. MARWICK AND A.G. ANDREOU, *Single photon avalanche photodetector with integrated quenching fabricated in TSMC 0.18 mm 1.8 V CMOS process*, Electronic Letters, Vol. 44, pp. 643, 2008.

[MEI05] G. MEINHARDT, J. KRAFT, B. LÖFFLER, H. ENICHLMAIR, G. RÖHRER, E. WACHMANN, M. SCHREMS, R. SWOBODA, C. SEIDL, H. ZIMMERMANN, *High-speed blue-, red-, and infrared-sensitive photodiode integrated in a 0.35 /spl mu/m SiGe:C-BiCMOS process*, IEEE Electron Devices Meeting, pp.803, 2005.

[MEG04] M. MEGHELLI, *A 132-Gb/s 4:1 multiplexer in 0.13-mm SiGebipolar technology*, IEEE J. Solid-State Circuits, vol. 39, no. 12, pp. 2403–2407, 2004.

[MER03] P. MERCIER, J. VEAUX, J. BENIER, M. VINCENT, S. BASSEUIL, *Doppler Laser Interferometry improvements in detonics*, Proc. SPIE, Vol. 4948, pp. 533, 2003.

[MIL46] C. D. MILLER, U. S. Pat. 2 400 887, May 28, 1946.

[MOL10] MOLECULAR EXPRESSIONS website : http://micro.magnet.fsu.edu/

[MOL08] M. MOLLER, *Challenges in the cell-based design of very-highspeed SiGe-bipolar ICS at 100 Gb/s*, IEEE J. Solid-State Circuits, vol. 43, no. 9, pp. 1877–1888, 2008.

[MON06] B. MONTCEL, R. CHABRIER, P. POULET, *A fluoresence and diffuse optical tomographic system for small animal imaging*, Biophotonics for Life Sciences and Medicine, pp. 171-196, 2006.

[MON87] D. MONTGOMERY, R. DRAKE, S. JONES, J. WIEDWALD, *Flat-field response and geometric distortion measurements of optical streak cameras*, Proc. SPIE Vol. 832, pp. 283–288, 1987.

[MON99] M. A. MONASTYRSKI, V. P. DEGTYAREVA, M. Y. SCHELEV, V. A. TARASOV, *Dynamics of electron bunches in subpicosecond streak tubes*, Nuclear Instruments and Methods in Physics Research A, Vol. 427, pp. 225-229, 1999.

[MOR07] F. MOREL, *Conception, Réalisation et Caractérisation d'un Imageur en Technologie CMOS Sandard pour l'Observation en Mode Répétitif de Phénomènes Lumineux Brefs De Faible Puissance*, Thèse Universitaire, ULP, Strasbourg, soutenue le 12 juillet, 2007.

[MOS06] D. MOSCONI, D. STOPPA, L. PANCHERI, L. GONZO, A. SIMONI, *CMOS Single-Photon Avalanche Diode Array for Time-Resolved Fluorescence Detection*, Conference Solid-State Circuits, ESSCIRC, pp. 564, 2006.

[MPD10] Micro Photon Devices website : http://www.microphotondevices.com

[NED07] NEDEVA-PETKOVA, *Fine needle aspiration biopsy of dense pulmonary lesions under computed tomography control*. Folia Medica [0204-8043] Vol. :48 iss :3-4 pp. 62 -7, 2007.

[NF06] NORME FRANÇAISE NF EN 60825.1 à 60825.4 : *Sécurité des appareils à laser et NF EN 207 et 208 : protection individuelle de l'œil*. 2006.

[NEW10] NEWPORT Web site : http://www.newport.com

[NIS78] M. NISHIMURA, D. PSALTIS, F. CAIMI ET D. CASASENT, *Implementation of the inverse Radon transform by optical convolution*, Optics Communications, Vol. 25(3), pp : 301-304, 1978.

[NIC06] C. NICLASS, M. SERGIO, E. CHARBON, *A single Photon Avalanche Diode Array Fabricated in 0,35 µm and based on an Event-Driven Readout for TCSPC Experiments*, Proc. of SPIE, Vol. 6372, pp. 63720S-1, 2006.

[NIC08] C. NICLASS, C. FAVI, T. KLUTER, M. GERSBACH, E. CHARBON, *A 128x128 Single Photon Image Sensor with Column-Level 10-Bit Time-to digital converter Array*, IEEE. Journal of Solid State Circuits, Vol. 43, pp. 2977, 2008.

[NIS89]. M. NISHIMURA, D. CASASENT, AND F. CAIMI, *Optical inverse Radon transform*, Opt. Commun. 24_3_, 276–280, 1978.
[NIS07] Y. NISHIKAWA, S. KAWAHITO, M. FURUTA, T.A. TAMURA, T. A, *high-speed CMOS image sensor with onchip parallel image compression circuits*. IEEE Custom Integrated Circuits Conference CICC, pp. 833-836, 2007.
[NIU81] H. NIU, T. CHAO, W. SIBBETT, *Picosecond framing technique using a conventional streak camera*, Vol. 52, pp. 1190-1192, 1981.
[NVI10] NVIDIA web site : www.nvidia.com, architecture fermi
[OLS00] A Olszak., *Lateral scanning white-light interferometer*, App. Opt., 39 (22), 3906-3913, 2000.
[ONE56] E. L. O'NEILL, *Spatial filtering in optics*, IEE Transaction on Information Theory, vol. 1(2), pp : 56-65, 1956.
[OPT10] OPTRONIS web site : http://www.optronis.com/highspeed-kameras.html
[PAN07] L. PANCHERI, D. STOPPA, *Low-noise CMOS single photon avalanche diodes with 32 ns Dead time*, Conference Solid State Device Research ESSDERC, pp. 362, 2007.
[PAN08] L. PANCHERI, M. SCANDIUZZO, D. STOPPA, G-F. D. BETTA, *Low-noise Avalanche Photodiode in standard 0.35-μm CMOS Technology*, IEEE tran. On electron devices, Vol. 55, pp. 2008.
[PAR10] G. R. PARKER, B. W. ASAY, P. M. DICKSON, *Note : A technique to capture and compose streak images of explosive events with unpredictable timing*, Rev. Of Scientific Instru. Vol. 81, N° :016109, 2010.
[PAU89] PAUWELS, H., DE MAY, G., REYNAERTS, C., & CUYPERS, F., *One dimensional stationary states with constant electrical induction in ferroelectric liquid crystals*. Liquid Crystal, 4(5), 497–504, 1989.
[PAU00] PAUWELS, H., & ZHANG, H. *Grey levels in FLC based on static threshold*. Ferroelectrics, 246, 175–182, 2000.
[PAU01] J. PAUFLER, ST. BRUNN, T. KÖRNER, AND F. KÜHLING, *Continuous image writer with improved critical dimension performance for high accuracy maskless optical patterning*, Microelectron. Eng. 57–58, 21–40, 2001.
[PES08] D. PESSEY, N. BAHLOULIS, S. PATTOFATTO,S. AHZI, *Polymer composites for the automotive industry: characterisation of the recycling effect on the strain rate sensitivity*, International Journal of Crashworthiness, Vol. 13, p.411-424, 2008.
[PIC09] O. PICCIN, L. BARBÉ, B. BAYLE, M. DE MATHELIN AND A. GANGI, *A Force Feedback Teleoperated Needle Insertion Device for Percutaneous Procedures*, The International Journal of Robotics Research, Vol. 28, No. 9, September, pp. 1154–1168, 2009
[PHO10a] PHOTRON web site : http://www.photron.com
[PHO10b] PHOTONIS website : http://www.photonis.com
[PIC10] PICOQUANT GmbH website : http://www.picoquant.com
[RAD03] S. RADOVANOVIC, A. J. ANNEMA, B. NAUTA, *Physical and electrical bandwidths of integrated photodiodes in standard CMOS technology*, IEEE Journal of Solid-State Circuits, Vol. 30, pp. 677-685, 2003.
[RAD05] S. RADOVANOVIC, A. J. ANNEMA, B. NAUTA, *A 3-Gb/s Optical Detector in Standard CMOS for 850-nm Optical Communication*, IEEE Journal of Solid State Circuits, Vol. 40, pp. 1706-1717.
[RAH06] A. RAHMAN, J. TREZZA, B. NEW, S. TRIMBERGER, *Die Stacking Technology for Terabit Chip-to-Chip Communications*, IEEE 2006 Custom Intergrated Circuits Conference (CICC), pp. 587, 2006.
[RAN09] E. RANDONE, G. MARTINI, M. FATHI, S. DONATI, *SPAD-Array Photoresponse is Increased by a Factor 35 by use of a Microlens Array Concentrator*,

[REI01] Y. REIBEL, *Développement et Caractérisation d'une Caméra Vidéo Numérique Rapide (500 i/s) à Haute Résolution (10 bits). Application à la Reconstruction 3D de Surfaces Microscopiques*, Thèse Universitaire, ULP, Strasbourg, soutenu le 21 septembre, 2001.
[RES09] D. RESNATI, I. RECH, A. GALLIVANONI, M. Ghioni, *Monolithic time to amplitude converter for time correlated single photon counting*, Vol. 80, pp. 086102, 2009.
[REY91] C. REYNAERTS, J. VAN CAMPENHOUT, F. CUYPERS, *Time integration grey scales for ferroelectric LCD'S*, Ferroelectrics 113, 419, 1991.
[RIC09] J. RICHARDSON, R. WALKER, L. GRANT, D. STOPPA, F. BORGHETTI, E. CHARBON, M. GERSBACH, R. K. HENDERSON, *a 32x32 50ps Resolution 10 bit Time to Digital Converter Array in 130 nm CMOS for Time Correlated Imaging*, IEEE Conf. CICC, pp. 77, 2009.
[ROC03] A. ROCHAS, M. GANI, B. FURRER, P. A. BESSE, R. S. POPOVIC, G. RIBORDY AND N. GISIN, *Single photon detector fabricated in a complementary metal-oxide-semiconductor high-voltage-technology*, Review of scientific instruments, Vol. 74, pp. 3263, 2003.
[ROC03] A. ROCHAS, M. GÖSCH, A. SEROV, P.A. BESSE, R.S. POPOVIC, T. LASSER, R. RIGLER, *First Fully Integrated 2-D array of single-Photon Detectors in Standard CMOS Technology*, IEEE Photonics Technology Letters, Vol. 15, pp. 963, 2003.
[ROD03] T. RODET, P. GRANGEAT, AND L. DESBAT, *Algorithme rapide de reconstruction tomographique basé sur la compression des calculs par ondelettes*, in Proc. 19e Colloque GRETSI, Paris 2003.
[SAK99] T. SAKO, N. ITOH, M. KODEN, AND J. C. JONES, *Method of manufacturing liquid crystal displays*, U.S. Patent No. 5,897,189, 1999.
[SAN06] W. SANSEN, *Analog Design Essentials*, The Springer International Series in Engineering and Computer Science, ISBN 978-0387257464.
[SAR10] C. H. SARANTOS, J. E. HEEBNER, *Solid-state ultr afast all-optical streak camera enabling high-dynamic-range picosecond recording*, Optics Letters, Vol. 35, pp. 1391.
[SCH71] M. SCHADT, W. HELFRICH, *voltage dependent optical activity of a twisted nematic liquid crystal*, App. Phys. Lett. 18 (1971).
[SCH04] A. SCHICK, U. BREITMEIER, *Fast scanning confocal sensor provides high quality height profiles in the microscopic range*, Optical Micro- and Nanometrology in Manufacturing Technology, Gorecki C., Asundi A.K., Eds., Proc. SPIE, 5457, 2004.
[SED70] A. S. SEDRA, K. C. SMITH, *A second generation current conveyor and its applications,* IEEE Transactions on Circuit Theory, Vol. 17, pp. 132-134, 1970.
[SEN04] A. SENNST, M. KACHELRIESS, C. LIEDECHER, S. SCHMIDT, O. WATZKE, AND W. A. KALENDER, *An extensible software-based platform for reconstruction and evaluation of CT images*, Radiographics vol. 24, pp. 601–611, 2004.
[SEN10] SENSL website : http://sensl.com/
[SER07] M. SERGIO, C. NICLASS, E. CHARBON, *A 128x2 CMOS Single-Photon Streak Camera with Timing-Preserving Latchless Pipeline Readout*, IEEE conference ISSCC, pp. 394, 2007.
[SIE10] SIEMENS web site : http://www.siemens.com
[SHE06] S. SHEKHAR, J. S. WALLING, D. J. ALLSTOT, *Bandwidth Extension Techniques for CMOS amplifier*, IEEE, Journal of solid state circuits, Vol. 41, pp. 2421, 2006.
[SHI07] K. SHINODA, H. MURAKAMI, S. KURODA, S. OKI, K. TAKEHARA, AND T. G. ETOH, *High-speed thermal imaging of yttria-stabilized zirconia droplet*

impinging, on substrate in plasma spraying, Applied Physic Letter, Vol. 90, paper N° : 194103 ,2007.

[SHI07] J.-W SHI, Y.-S WU , Z.-R LI, P.-S. CHEN, , Impact-Ionization-Induced Bandwidth-Enhancement of a Si-SiGe-Based Avalanche Photodiode Operating at a Wavelength of 830 nm With a Gain-Bandwidth Product of 428 GHz, IEEE Photonics Technology Letters, Vol. 19. pp. 474, 2007.

[SHI08] H. SHIRAGA, M. LEE, N. MAHIGASHI, S. FUJIOKA, H. AZECHI, *Observation of asymmetrically imploded core plasmas with a two-dimensional sampling image x-ray streak camera,* Rev. of Sci. Instr. Vol. 79, N°:10E920.

[SHI09] R. SHIMIZU, M. ARIMOTO, H. NAKASHIMA, K. MISAWA, T. OHNO, Y. NOSE, K. WATANABE, T. OHYAMA, *A Charge-Multiplication CMOS Image Sensor Suitable for Low-Light- Level Imaging,* IEEE Jour. of Solide State Circuits, Vol. 44, pp. 3603, 2009.

[SJO98] H. SJOBERG, B. NOHARET, L. WOSINSKI, R. HEY, *Compact optical correlator: pre-processing and filter encoding strategies applied to images with a varying illumination,* Optical Engineering, vol. 37(4), pp : 1317- 1324, 1998.

[SON10] D. V. TRUONG SON, T. G. ETOH, M. TANAKA, N. H. DUNG, V. L. CUONG, K. TAKEHARA, T. AKINO, K. NISHI, H. AOKI AND J. NAKAI, *Toward 100 Mega-Frames per Second: Design of an Ultimate Ultra-High-Speed Image Sensor, Sensors,* Vol. 10, pp. 16-35, 2010.

[SPE10] SPECTRA-PHYSIC website : http://www.newport.com/

[SPR88] G. SPRUCE ET R. D. PRINGLE, *Measurement of the spontaneous polarization in ferroelectric smectic liquid crystals,* Liquid Crystals, vol. 3(4), pp : 507-518, 1988.

[STA10] Standford Compter Optics website : http://www.stanfordcomputeroptics.com/

[SUZ04] T. SUZUKI, Y. NAKASHA, T. TAKAHASHI, K. MAKIYAMA, T. HIROSE, AND M. TAKIKAWA, *144-Gbit/s selector and 100-Gbit/s 4:1 multiplexer using InP HEMTS,* IEEE MTT-S Int. Microwave Symp. Dig., pp. 117–120, 2004.

[SUZ10] T. SUZUKI, *Challenges of image-sensor developpement,* Solid-State Circuits Conference Digest of Technical Papers (ISSCC), IEEE International, pp. 27-30., 2010.

[SWA09] SWAHN, T.; BAEYENS, Y.; MEGHELLI, M.;*ICs for 100-Gb/s serial operation,* Microwave Magazine, IEEE, Vol. 10, Iss. 2, pp. 58-67, 2009

[SWI04] D.C. SWIFT, T.E. TIERNEY, R.A. KOPP AND J.T. GAMMEL, *Shock pressures induced in condensed matter by laser ablation,* Physical Review E 69 036406.1-036406.9, 2004.

[TAD05] S. TADAKI, Y. KIYOTA, T. YOSHIHARA, H. SHIROTO, T. MAKINO, S. KASAHARA, AND K. BETSUI, *Liquid crystal display device and method of manufacturing liquid crystal display device,* U.S. Patent No. 0219436, 2005.

[TAV06] F. TAVERNIER, C. HERMANS AND M. STEYAERT, *Optimised equaliser for differential CMOS,* Electronic letters, Vol. 42, pp. 1002, 2006.

[TAV08] F. TAVERNIER, M. STEYAERT, *A High Speed Fully Integrated Optical Receiver in Standard 130 nm CMOS,* IEEE International Conference on Electronics, Circuits and Systems, ICECS, pp. 806 ,2008.

[TAY08] R.H. TAYLOR, *Medical Robotics and Computer-Integrated Surgery,* , Computer Software and Applications (COMPSAC). pp. 1, 2008.

[THO05] S. T. THORODDSENAT. G. ETOH, K. TAKEHARA, AND N. OOTSUKA, *On the coalescence speed of bubbles,* PHYSICS OF FLUIDS Vol 17,paper N° : 071703, 2005.

[THO07] S. T. THORODDSEN, T. G. ETOH AND K. TAKEHARA, *Experiments on bubble pinch-off,* Physic of fluids, Vol. 19, N° 042101, 2007.

[THO08] S.T. THORODDSEN, T.G. ETOH, AND K. TAKEHARA, *High-Speed Imaging of Drops and Bubbles,* Annu. Rev. Fluid Mech. Vol 40, N° :257–85, 2008.

[TIS07] S. TISA, A. TOSI AND F. ZAPPA, *Fully-integrated CMOS single photon counter*, Optics Express, Vol. 15, pp. 2873, 2007.

[TIS08] S. TISA, F. GUERRIERI, F. ZAPPA, *Variable Load Quenching Circuit for Single-photon avalanche diodes*, Optics Express, Vol. 16, pp. 2232, 2008.

[TOR03] M. TORREGROSSA, *Reconstruction d'images obtenues par tomographie optique dans le proche infrarouge*, Thèse de doctorat de l'ULP sous la direction de P. Poulet, 2003.

[TOU89] C. TOUMAZOU, F. J. LIDGEY, D. G. HAIGH, *Analogue IC Design: The Current-Mode Approach* IEE-UK, 1989.

[TSM10] TAIWAN SEMICONDUCTOR MANUFACTURING COMPANY website : http://www.tsmc.com

[TSU63] J. TSUJIUCHI, *Correction of optical images by compensation of aberrations and by spatial frequency filtering*, Progress in Optics II, vol. 2, pp : 133-180, 1963.

[UND94] I. UNDERWOOD, D. G. VAAS, A. O'HARA, D. C. BURNS, P. W. MCOWAN, AND J. COURLAY, *Improving the performance of liquid-crystal-oversilicon spatial light modulators: issues and achievements*, Appl. Opt. Vol. 33, 14, 2768–2774, 1994.

[UHR02] W. UHRING, *Réalisation et charactérisation d'une caméra à balayage de fente synchroscan à résolution temporelle proche de la picoseconde*, Thèse de doctorat de l'ULP, 2002.

[VAN95] T. VANISRI, C. TOUMAZOU, *Integrated high frequency low-noise current-mode optical transimpedance preamplifiers: theory and practice*, IEEE Journal of Solid-State Circuits Vol. 30, pp. 677-685, 1995.

[VDL64] A. VANDER LUGT. *Signal detection by complex spatial filtering*, IEEE Transactions of Information Theory, vol. 10, pp : 139-145, 1964.

[VDL92] A. VANDER LUGT, *Optical Signal Processing*, ed. Wiley-Interscience, New York, 1992.

[VIS10] Vision research web site : http://www.visionresearch.com

[WEA66] C. S. WEAVER et J.W. Goodman, *A technique for optically convolving two functions*, Applied Optics, vol. 5(7), pp : 1248-1249, 1966.

[WEN02] B. WEN, R.G. PETSCHEK, C. ROSENBLATT, *Nematic Liquid-Crystal Polarization Gratings by Modification of Surface Alignment*, Appl. Opt. 41 (7) 1246, 2002

[WOL07] M. WOLF, M. FERRARI, V. QUARESIMA, *Progress of near-infrared spectroscopy and topography for brain and muscle clinical applications*, Journal of Biomedical Optics, Vol. 12, pp. 62104, 2007.

[WOO98] T. K. WOODWARD, A. V. KRISHNAMOORTHY, *1 Gbit/s CMOS optical receiver with integrated detector operating at 850 nm*, IEEE/LEOS Summer Topical Meetings,pp. IV/29, 1998.

[XIA07] S. XIANG; H. ZHU; K. WANG, *Temporal-spatial MTF performance analysis of a proximity-focused-image intensifier as a camera electronic shutter*, Proc. of SPIE, Vol. 6279, N° :62790X, 2007.

[YOU09] J. S. YOUN, H. S. KANG, M.J. LEE, K.Y. PARK, W.Y. CHOI, *High-Speed CMOS Integrated Optical Receiver With an Avalanche Photodetector*, IEEE Photonics Technology Letters, Vol. 21, pp. 1553, 2009.

[ZAV55] E.K. ZAVOISKII, S.D. FANCHENKO. *On investigation of high-speed light processes*, Reports of the Soviet Academy of Sciences (DAN SSSR), 100 (4), pp. 661 – 663, 1955.

[ZAV56] E.K. ZAVOISKII, S.D. FANCHENKO. *Physical principles of image-converter chronography*, DAN SSSR, 108, pp. 218–221, 1956.

[ZAV65] E.K. ZAVOISKII, S.D. FANCHENKO. *Image-converter high-speed photography with 10-9 – 10-15 second time resolution*, Appl. Optics, 4, pp. 1155–1167, 1965.

[ZHA99] ZHANG, H., D'HAVE', K., VERWEIRE, B., & FERRARA, V. *Analogue grey level in SSFLCD by varying surface anchoring*. Molecular Crystals and Liquid Crystals, 331, 227–234, 1999.

[ZHE09] L. ZHENGHAO, C. DANDAN, Y. K. SENG, *An Inductor-less Broadband Design technique for Transimpedance Amplifiers*, IEEE ISIC, pp. 232, 2009.

[ZHU10] T. ZHU AND AL., *X-ray streak camera sweep speed calibration*, Review of Scientific Instruments, vol. 81, N°056108, 2010.

[ZIN02] C.V. ZINT, *Tomographie optique proche infrarouge, résolue en temps des milieux diffusants*, Thèse de doctorat de l'ULP sous la direction de B. Cunin, 2002.

I want morebooks!

Buy your books fast and straightforward online - at one of the world's fastest growing online book stores! Environmentally sound due to Print-on-Demand technologies.

Buy your books online at
www.get-morebooks.com

Achetez vos livres en ligne, vite et bien, sur l'une des librairies en ligne les plus performantes au monde!
En protégeant nos ressources et notre environnement grâce à l'impression à la demande.

La librairie en ligne pour acheter plus vite
www.morebooks.fr

OmniScriptum Marketing DEU GmbH
Heinrich-Böcking-Str. 6-8
D - 66121 Saarbrücken

Telefax: +49 681 93 81 567-9

info@omniscriptum.de
www.omniscriptum.de

Printed by Books on Demand GmbH, Norderstedt / Germany